8° V
12133.

AF465462

LE DÉPART EN CAMPAGNE

EN EUROPE OU AUX COLONIES

Commandant COUMÈS

LE
DÉPART EN CAMPAGNE

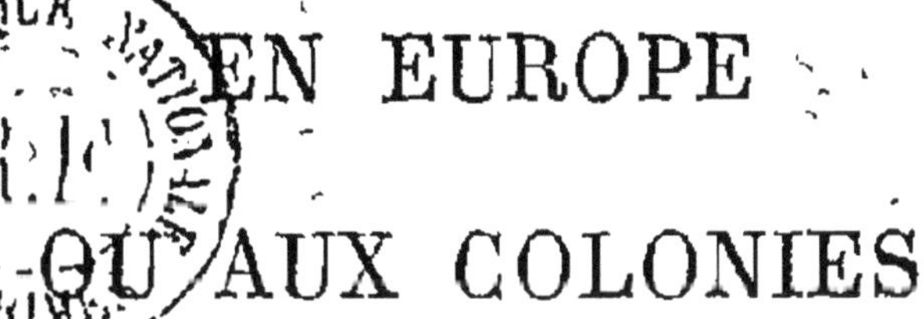

EN EUROPE
OU AUX COLONIES

PARIS
HENRI CHARLES-LAVAUZELLE
Éditeur militaire
11, Place Saint-André-des-Arts, 11

(Même maison à Limoges.)

AVANT-PROPOS

Il est une chose à laquelle l'officier pense généralement fort peu, c'est sa mobilisation personnelle.

Combien d'entre nous se trouveraient pris au dépourvu, si l'ordre de départ pour la frontière leur parvenait brusquement; que de choses leur feraient défaut, qui sont de première nécessité en temps de guerre! Qu'on y réfléchisse bien cependant : lorsque, d'une part, le télégraphe aura porté aux quatre coins du territoire l'ordre de mobilisation, l'officier sera en permanence au quartier; quand tous ses moments seront absorbés par les détails du métier; que, d'autre part, tous les moyens de transport et de communication seront requis pour le service de l'Etat, on se convaincra sans peine qu'alors il sera trop tard pour songer à ses préparatifs personnels, et que celui qui ne sera pas complètement prêt d'avance, partira sans le nécessaire.

Permettre à l'officier d'être toujours en mesure d'entrer en campagne, et cela sans aucune préoccupation, ni pour lui-même ni pour les siens, et de donner, sans arrière-pensée, tous ses soins à l'unité placée sous ses ordres pendant les jours si remplis qui précèdent le départ pour le point de concentration, tel est le but de ce travail.

Il est divisé en deux parties et chaque partie en deux titres, subdivisés eux-mêmes en plusieurs chapitres.

La première a trait à la préparation de l'outillage de guerre en temps de paix.

La seconde partie contient des renseignements utiles en temps de guerre.

LE DÉPART EN CAMPAGNE

EN EUROPE OU AUX COLONIES

Ire PARTIE

TITRE Ier

Précautions à prendre en vue d'une campagne principalement en Europe.

CHAPITRE Ier

Effets et objets dont l'officier doit toujours être pourvu.

OBSERVATION GÉNÉRALE. — L'officier n'emportera en campagne que les effets et l'outillage strictement nécessaires, car il ne dispose que de très peu de place pour les transporter; ils seront neufs ou très bons.

A) — Effets d'habillement.

1 capote-manteau (en drap) (1) ou en caoutchouc);
1 collet à capuchon (en drap ou en caoutchouc);
1 tunique d'ordonnance;
1 pantalon d'ordonnance;
1 culotte (dite à la hongroise) en drap (pour officier monté et non monté);
1 paire de *leggins* (ou jambières en drap simulant le bas du pantalon d'ordonnance).

Les officiers peuvent faire usage de bandes molletieres du modèle de la troupe en lieu et place des jambières.

2 képis (2);
1 ceinture de laine ou de flanelle;
1 gilet de drap ou de laine (gilet de chasse) (3);

---

(1) Les officiers pourvus d'une capote du modèle de la troupe ne font pas usage en campagne de la capote en drap bleu foncé, et tous ceux dans les corps de troupe desquels la troupe revêt la capote portent obligatoirement en campagne seulement la capote en drap gris de fer bleuté du modèle de la troupe, soit par dessus la tunique ample, soit sans celle-ci. Ils portent ce dernier effet dans toutes les circonstances où la troupe est revêtue de la veste (Décision ministérielle du 17 janvier 1895).

Il n'y a que les officiers de chasseurs alpins qui, en sus des effets ou objets ci-dessus, sont autorisés à porter sous la tunique ample OUVERTE un gilet en drap bleu foncé avec boutons métalliques.

(2) Les officiers de chasseurs alpins portent, *obligatoirement* en campagne, *facultativement* dans les manœuvres alpines du temps de paix, le beret du modèle de la troupe (Décision ministérielle du 17 janvier 1895).

(3) Le gilet de drap doublé en peau de chamois parait remplir les meilleures conditions. Il est léger, tres chaud et tient peu de place.

1 couverture;
1 passe-montagne;
1 tablier en caoutchouc (pour officier monté) (1);

Nota. — Pour l'officier monté, il sera facile d'emporter en campagne la capote et le collet à capuchon, vulgairement appelé *pèlerine*. Nous conseillerons avec la capote de drap, qui servira au bivouac et par les temps froids, la pèlerine de caoutchouc, qui est plus légère que la pelerine en drap. Pour l'officier à pied, la question est moins aisée à trancher : la capote en drap est bien lourde, qu'elle soit portée en sautoir ou revêtue pendant la marche ; d'un autre côte, au bivouac et pendant l'hiver, la capote en caoutchouc sera peut-être insuffisante pour protéger contre les rigueurs du froid. La pèlerine de drap longue et ample semble devoir être le vêtement préferable pour l'officier à pied, mais elle a entre autres inconvénients, celui de gêner la liberté des bras et de se prêter mal au port du sabre.

B) — Effets de lingerie.

3 chemises de soie (2);
2 gilets de flanelle;
3 caleçons (dont au moins un en tricot);
6 mouchoirs:
4 paires de chaussettes (dont 2 en laine);
3 serviettes;
6 petits cols liséré pour tunique (3);

---

(1) Ce tablier, dont le but est de garantir principalement les genoux de la pluie ou de la neige, peut être remplacé par des genouillères mobiles en cuir mou qui s'adaptent au haut des tiges des bottes à l'ecuyère et qui, en prolongeant celles-ci, recouvrent les cuisses jusqu'à leur naissance.

(2) En campagne, il faut éviter le blanchissage ; nous conseillerons les chemises de flanelle, ou mieux les chemises de soie *Tussor* qui coûtent moins cher que les chemises de flanelle, possèdent les mêmes avantages hygiéniques que ces dernieres, tiennent moins de place dans la caisse a bagages ou sous le vêtement et se lavent plus facilement.

(3) Les cols en celluloïde sont les plus avantageux en cam-

2 bonnets de nuit (1);
2 paires de gants blancs (en castor);
2 paires de gants de couleur, en peau de chien (nuance dite chamois foncé ou rouge brun);
1 paire de gants fourrés pour l'hiver.

Nota. — Il peut être bon d'avoir, dans sa caisse à bagages, une ou deux paires de manchettes en toile empesée.

C) — Chaussures.

1 paire de bottes à l'écuyère, modèle d'ordonnance, ou une paire de *bottes de campagne* dont le modèle est encore a l'étude (2);
1 paire de brodequins;
1 paire de jambières ou molletières en cuir (3);

---

pagne. Ne pas oublier de mettre dans la boîte qui les renferme le savon *ad hoc* pour les nettoyer.

(1) Le bonnet de nuit est indispensable au bivouac pour préserver les yeux contre l'humidité ou la fraîcheur des nuits. Un bon bonnet de coton garantit aussi la tête des rhumes de cerveau ou coryzas dont il est quelquefois si malaisé de se débarrasser et qui portent atteinte à la lucidité de l'esprit. Il est surtout dangereux dans les pays chauds de ne pas se couvrir les yeux quand il fait clair de lune, on peut contracter des ophthalmies.

(2) Pour les officiers à pied, la paire de bottes sera remplacée par une deuxième paire de brodequins. « Certains effets s'usent plus vite que d'autres en guerre, de ce nombre sont les bottes; que celles dont vous vous munirez portent d'épaisses semelles garnies de petits clous, qu'elles soient larges et de 3/4 de pouce au moins plus longues que les pieds. » (De Brack.)

(3) Il sera utile, même pour l'officier monté, d'avoir des jambières en cuir et des brodequins avec lesquels il pourra marcher commodément s'il arrive qu'il se trouve démonté et, qui pourront également lui servir pour monter à cheval. Il existe un système de jambières très commode pouvant servir aux officiers montés et non montés, c'est la tige molletière. Cette tige, d'une fermeture instantanée, imite tout à fait la botte

1 paire de pantoufles ou babouches ;
2 paires d'éperons à la chevalière avec sous-pieds de rechange ;
2 paires d'éperons (1) petit modèle pour pantalon d'ordonnance et pour officier monté ;
1 paire de sous-pieds (2) pour l'officier monté ;
1 tire-bottes en fonte ou en fer, pour l'officier monté.

A cette nomenclature il serait encore utile de pouvoir ajouter : une paire de chaussons avec semelles basanées en cuir pouvant entrer dans des sabots également en cuir et à semelles en bois. Ces chaussons sont très appréciables dans les bivouacs d'Afrique ; ils tiennent chaud aux pieds quand on gîte, l'hiver, sous la tente dans

---

Chantilly, peut se mettre avec culotte ou pantalon indifféremment, possède, en un mot tous les avantages de la botte sans en avoir les inconvénients. On fait des tiges molletières en vache vernie et en veau ciré, elles s'adaptent sur toutes espèces de chaussures, souliers, brodequins, bottines, auxquels on donne ainsi l'aspect d'élégantes bottes molles. En extrême Orient, la botte d'ordonnance étant beaucoup trop chaude durant la saison humide (été), force est de les mettre de côté, on emploie alors de préférence les jambières. Déjà, pendant l'expédition de 1884 à 1886, les chasseurs d'Afrique qui faisaient partie de la cavalerie du corps expéditionnaire du Tonkin furent munis de ces sortes de tiges avec fermeture en latte flexible de bambou.

(1) Préférer les éperons en bon acier poli aux éperons nickelés, dont on ne connaît pas le métal recouvert, lequel est caché sous la couche de nickel, la plupart de ceux qui se vendent dans le commerce ne sont que d'affreux morceaux de fonte qu'on dissimule sous une très légère couche de nickel : en sorte que quand celle ci vient à s altérer ou à disparaître, il n'est plus facile d'avoir des éperons polis.

(2) « Les sous-pieds se cassent vite, ayez-en quelques paires de rechange et fixez-les à vos pantalons, non pas avec des boutons cousus, qui s'arrachent facilement, mais avec des boutons d'assemblage en cuivre, emportez dans votre trousse quelques-uns de ces boutons. » (De Brack.)

des eaux boueuses, et sont surtout précieux si, comme il arrive souvent, on est subitement obligé de se lever la nuit, soit à la suite de quelque incident, soit simplement pour aller aux feuillées.

Il peut être aussi d'une bonne ressource d'être pourvu dans une campagne d'hiver de semelles mobiles en feutre qu'on puisse interposer entre la paroi interne de la semelle de la botte et la plante des pieds. On peut avoir même des tiges fourrées.

D) — Outillage de combat.

Armes, Munitions et Effets d'équipement.

1 sabre ;
1 ceinturon auquel puisse s'accrocher à volonté et commodément la bélière porte-sabre ;
1 bélière (1) avec porte-mousqueton ;
2 dragonnes en cuir ;
1 revolver ;
1 étui de revolver avec sa banderole et sa courroie de ceinture ;
18 cartouches pour revolver (12 placées dans

(1) Pour l officier monté, ou plutôt pour tout officier qui ne le serait qu'éventuellement et qui, n'ayant pas de porte-sabre ajusté a la selle, se trouverait dans le cas de porter a cheval le sabre suspendu à la bélière, nous proscrivons toute espèce de porte-mousquetons comme constituant le plus dangereux des ports de fourreaux de sabre. Les plus solides porte-mousquetons ne résistent pas toujours aux violentes secousses de l'anneau du sabre, en sorte qu'en des allures vives le sabre peut se décrocher et, en tombant entre les jambes du cheval, provoquer des chutes et par suite, des fractures. A notre avis, le meilleur des systèmes dans le cas dont il s agit, c'est une bélière double passée dans l'anneau et dont les deux extrémités s'attachent au ceinturon par un autre anneau qui les joint.

l'étui du revolver et les 6 autres dans la charge du cheval ou dans la caisse à bagages);

1 poche à cartes dont les courroies de suspension seront passées dans des fentes horizontales pratiquées à mi-largeur de ceinturon.

1 jumelle;

1 sifflet (1).

(Les officiers de chasseurs alpins doivent être munis, en outre, d'une canne ferrée et d'une boussole-breloque).

E. — Bibliothèque de campagne.

1. Agenda de l'armée française.
2. Aide-mémoire de l'officier d'état-major;
3. Aide-mémoire particulier à l'arme;
4. Décret sur le service des armées en campagne;
5. Règlement sur les manœuvres de l'arme;
6. Vade-Mecum de l'officier d'approvisionnement;
7. Code manuel des réquisitions militaires;
8. Notions de droit international;
9. Manuel français-allemand (ou français-italien, ou français-anglais) sur les reconnaissances;
10. Cours abrégé d'hippologie;

---

(1) Nous conseillerons les dragonnes à sifflet. Porter le sifflet à la dragonne est la meilleure manière pour ne pas le perdre ou l'oublier. Toutefois, comme les dragonnes à sifflet qui se vendent actuellement sont presque toutes de mauvaise composition, qu'elles se cassent ou se démontent au premier heurt, on fera bien de choisir un bon sifflet système Baduel, pas trop gros, et de le faire envelopper d'une frange de cuir verni roulée en dragonne et n'en laissant dépasser que l'embouchure.

Le sifflet est emporté par les commandants de compagnie.

11. Agenda de mobilisation (selon l'arme);
12. Premiers secours à donner aux blessés;
13. Règlement sur les prisonniers de guerre.

Aux colonies.

14. L'hygiène des troupes européennes dans les expéditions coloniales;
15. Etude sur la guerre de ravitaillement dans les guerres coloniales;
16. Vocabulaire ou dictionnaire de la langue du pays.

En outre :

Cartes de l'état major (France) ou du théâtre d'opérations;
Carnet de manœuvres;
Papier bleu à décalquer indéfiniment;
Sifflet Baduel;
Loupe en melchior;
Boussole forme montre ou breloque curvimètre;
Podomètre ou compte-pas;
(Voir, en outre, ci-après : articles d'étude).

Nota. — Tous ces ouvrages ou objets se trouvent à la librairie militaire Henri Charles-Lavauzelle, Paris et Limoges.

F) Objets divers.

Observation. — Dans la nomenclature des objets ci-dessous énumérés, les récipients, tels que caisses à bagages, pharmacies, trousses, sacoche ou ramasse-tout, sont mentionnés, abstraction faite de leur contenu, lequel est détaillé séparément pour chacun de ces récipients.

1° *Récipients.*

Caisse à bagages, de la forme réglementaire;
Sacoche pour l'officier à pied;
Pharmacie de poche;
Pharmacie vétérinaire;
Trousse de toilette;
Cassette ou *coffret;*
Trousse de raccommodage;
Serviette-bureau;
Ramasse-tout;
Cantine à vivres.

Dans l'un de ces récipients (serviette-bureau), on pourra avoir :

1° Du papier à lettres et enveloppes gommées; les *brevets* ou *lettres de service*, deux mains de papier écolier; une réserve de papier, d'enveloppes avec en-tête et formules préparées d'avance pour la correspondance de service; de plumes, de crayons, papier-buvard, cire et pains à cacheter, cachet, gommes, petites bougies, allumettes amorphes, épingles, ficelle, petits cahiers blancs de dépenses ou de comptes pour l'ordonnance;

2° Dans le second (bibliothèque), on pourra mettre les livres mentionnés plus haut et, dans tous les cas, le règlement sur le service des armées en campagne et le règlement sur les manœuvres de son arme.

Comme outils accessoires : une boîte en fer-blanc ou en nickel contiendra, suffisamment agencés de manière à éviter tout malencontreux accroc, quelques petits outils, indispensables pour un petit aménagement, tels que quelques clous droits et coudés, vis, vrilles et petit marteau-tenaille. Enfin, n'oublions pas de mentionner un étui-enveloppe pour renfermer les cartes dont on a pas un besoin immédiat.

NOTA. — Il est indispensable de coller ou même de coudre dans l'intérieur de chaque réceptacle (caisses à bagages, cantines à vivres, bissacs) l'inventaire des objets qu'il doit contenir. Ces inventaires sont écrits ou imprimés sur toile pour ce qui concerne le contenu des sacoches et des bissacs. On fera bien d'avoir, pour les chaussures et le linge, des petits sacs ou housses en toile qui isoleront ces différents objets et permettront de les emballer plus rapidement sans s'exposer à les perdre ou à les oublier, quant à certains récipients plus rigides, telle que la caisse à bagages, il est tout indiqué que l'inventaire en devra être de préférence collé sur le couvercle.

2° *Articles d'étude.*

1 carnet de la fraction que l'on commande;
1 carnet-agenda muni d'un bon crayon;
1 encrier de poche inrenversable, à crochet de suspension;
1 porte-plume, porte crayon de poche;
1 crayon d'aniline;
papier communicatif;
1 morceau de colle à bouche;
1 morceau de gomme à effacer;
1 boite de crayons de couleur pour croquis topographique;
1 double-décimètre;
1 rapporteur en corne;
1 petit compas;
1 pochette transparente pour cartes;
1 loupe;
1 curvimètre ou (1) 1 stadiomètre;
papier quadrillé à $0^{m},01$ et enveloppes imprimées;
1 boussole portative (2).

---

(1) Le stadiomètre est, de tous les instruments de ce genre, celui qui donne les plus grandes approximations.

(2) Cette boussole peut être pendue en breloque à la chaîne de montre ou combinée avec tout autre objet plus ou moins usuel, comme, par exemple, le remontoir d'une montre.

1 boussole alidade pour les levés expédiés (1);
1 petite lampe d'étude;
1 petite lanterne de poche;
1 plaque d'identité, montée sur scapulaire en cuir;
1 coco en cuir verni et une gourde en peau de bouc;
1 ceinture en cuir ou en forte toile pour or (2);
1 couteau nécessaire;
1 romaine ou peson de poche;
1 mètre de tailleur.

DÉTAIL DU CONTENU DES DIVERS RÉCIPIENTS.

a) Caisse à bagages (3).

1 pantalon;
1 tunique;
1 paire de chaussures;
4 paires de chaussettes;
2 caleçons;
3 chemises;
4 mouchoirs;
3 serviettes;
1 couverture;

(1) La boussole système Peigné est le plus commode de ces instruments, elle permet d'exécuter un levé expédié très rapidement, avec une exactitude relativement très grande.

(2) Le cuir est chaud à la peau. Aussi, selon les climats, on préférera la toile ou encore la peau de serpent.

(3) Il est alloué : au colonel ou lieutenant-colonel, trois caisses à bagages, deux au chef de bataillon ou au médecin-major de 1re classe et une aux capitaine, lieutenant, sous-lieutenant. La caisse à bagages réglementaire a 0m,65 de longueur, 0m,38 de largeur et 0m,22 de profondeur. Vide, elle pèse 7 kil. 800. Ces dimensions sont de rigueur. Les capitaines ont droit à 9 kilos de supplément.

1 képi;
1 ceinture de flanelle;
Objets de toilette.

NOTA. — Ce chargement n'est donné que pour mémoire; il n'a rien d'absolu.

b) Sacoche pour l'officier à pied.

OBSERVATION. — Comme l'on sait, l'officier à pied est autorisé à porter en bandoulière ou sur le dos une sacoche noire de forme et de dimensions à son choix. Une sacoche, comme une gibecière de chasseur, doit nécessairement être très légère, commode et peu volumineuse, ne contenir qu'un en-cas de vivres et des objets de première nécessité. Plusieurs systèmes de sacoches ont été présentés et mis en essai par des officiers; parmi celles qui paraissent offrir le plus de commodité, nous citerons la sacoche Dubois. Elle est appelée à rendre surtout des services à l'officier dans le cas, par exemple, où sa caisse à bagages serait trop éloignée ou même égarée. Dans la sacoche Dubois, l'officier à pied pourra placer le contenu ou à peu près de ce que l'officier monté fait contenir dans la poche à cartes, et, en plus :

1 chemise de soie Tussor;
1 paire de chaussettes;
1 mouchoir;
1 serviette ou une éponge, enfermée dans une enveloppe en caoutchouc;
1 petite trousse de toilette, d'entretien et de raccommodage;
1 briquet, une boîte d'allumettes-tisons;
1 calepin épais pouvant durer longtemps;
1 carte du pays;
Encrier, plumes, papier à lettre mince et ordinaire, morceau de colle à bouche, une petite pharmacie de poche, un petit *en-cas* de vivres.

Il remplacera la paire de bottes par une deuxième paire de brodequins.

Il portera les jambières de cuir et placera sa deuxième paire de chaussures dans sa cantine, supposée à sa portée.

Comme ustensiles, les plus usuels à y mettre seraient : un couteau; nécessaire de voyage avec fourchette, cuiller, tire-bouchon et canif; un petit filtre, une gourde gobelet, une petite lanterne sourde; point de vaisselle encombrante et inutile; tout au plus devrait-on se munir d'une double assiette dite *cuisine à la minute* qui peut être chauffée simplement avec du papier.

Nota. — L'officier à pied, comme l'officier monté, devra se rappeler que la caisse à bagages ne doit être considérée que comme une réserve dans laquelle on pourra puiser de temps en temps, mais sur laquelle il ne faut pas compter chaque jour. Dans tous les cas, on peut avoir à vider ou à garnir instantanement une caisse à bagages, si surtout, comme cela arrive dans un sejour de quelque durée, on a eu prealablement le loisir d'y disposer commodément et en toute sécurité, voire de compartimenter tous les objets et effets composant le chargement. A cet effet, on pourrait se procurer dès le temps de paix, une piece de carton ou de metal léger (tôle d'aluminium) qui recevrait la capacité de la caisse ou réceptacle à bagages dont elle formerait en quelque sorte comme la doublure intérieure et qu'on pourrait momentanément detacher en bloc sans défaire quoi que ce soit des effets contenus, pour être posée soit sur une chaise, soit sur une table. Celle-ci serait munie, d'ailleurs, de tirants en cuir ou façon bretelles et à portee des mains. Il suffirait d'enlever la doublure en question, d'un seul mouvement, pour pouvoir rapidement remplir et fermer, dans un cas d'urgence ou de presse, la caisse à bagages la plus complète.

c) Pharmacie de poche.

Elle est indispensable à l'officier en campagne; elle lui permettra souvent d'arrêter dès le début une indisposition pouvant dégénérer en maladie; elle devra contenir :

1° Comme médicaments indispensables :

Laudanum de Sydenham (calmant) [s'emploie à l'intérieur contre les diarrhées sous forme de lavement à la dose indiquée par le médecin];

Sulfate de quinine, dit *des trois cachets* (spécifique contre certains accidents fiévreux);

Sous-nitrate de bismuth (cautérisant interne très puissant dans le cas de dysenterie);

Nitrate d'argent (avoir toujours à sa disposition quelques fragments de rechange pour crayons de ce caustique);

Perchlorure de fer (pour arrêter les hémorragies);

Ammoniaque liquide (pour les syncopes).

On pourra y ajouter :

Acide phénique (pouvant, entre autres, servir contre les piqûres de scorpions, dans les colonies du Sud africain;

Teinture d'arnica (pure ou additionnée de deux ou trois parties d'eau, est employée pour les chutes ou les coups);

Elixir parégorique (1) (contenant de l'opium : calmant pour la dysenterie);

Sel anglais (vinaigre des quatre voleurs);

Alcool de menthe et *alcool camphré* (contre foulures, entorses, plaies de tête);

Permanganate de potasse (2);

Flacon de perles de *chloral* (pour calmer les douleurs);

Collodion (s'emploie dans beaucoup de cas, notamment pour recouvrir les plaies provenant de brûlures);

---

(1) Cet élixir se trouve à la pharmacie Boissy, à Paris, 2, place Vendôme.

(2) Le permanganate de potasse est le meilleur antidote du venin du serpent.

Pilules spéciales faites avec une plante spéciale (1) contre certaines affections plus ou moins contagieuses;

Chlorure de chaux (en solution (2) obtenue par le broiement de 1 gramme de chlorure dans 60 grammes d'eau distillée);

---

(1) Voir au titre III une note relative aux vertus curatives de certaine liane de l'extrême Orient appliquées à des affections comme la lèpre, les scrofules, la syphilis, les plaies cancéreuses, etc. Avec l'ecorce de cette liane qui s'appelle *hoang-nan*, on fait des pilules.

(2) On filtre la solution de chlorure de chaux et on la conserve dans un flacon bouché à l'émeri. Voici, d'après les très remarquables travaux sur les venins des docteurs Phisalix et Bertrand, le traitement rationnel d'une morsure de vipère (aspic et péliade) : au moment même de la morsure, immédiatement apres la piqûre, sucer la plaie; il n'y a aucun danger à aspirer du venin par la bouche, et, du reste, on le crache avec le sang. Pour ralentir autant que possible la penetration du venin dans la circulation, il faut lier le membre entre la blessure et le cœur. Comme la plaie due aux crochets de la vipère est très petite, il est de la plus grande importance de l'élargir avec un instrument tranchant. L'agrandissement de la plaie permet d'abord de rechercher s'il n'est pas reste dans les tissus quelque fragment de la dent venimeuse, et s'il en existe, de l'extraire. De plus, cette dilatation rend la succion beaucoup plus efficace.

Telles sont les precautions indispensables au moment même de la morsure. Prises immédiatement, elles peuvent suffire à enrayer tout accident.

Ajoutons cependant que pour détruire complètement la faible quantité de venin qui resterait encore dans la plaie et éviter les complications ultérieures, il faut laver abondamment la plaie et injecter, dans les tissus, à l'endroit de la morsure, des liquides antiseptiques et destructeurs du venin. Les seuls qui paraissent efficaces sont le permangate de potasse, le chlorure de chaux et l'acide chromique, les uns et les autres en solution aqueuse à un pour cent. Il faut les injecter au moyen de la seringue de Pravaz.

MM. Phisalix et Bertrand recommandent tout particulièrement la solution de chlorure de chaux, obtenue par le broiement de 1 gramme de chlorure dans 60 grammes d'eau distil-

2° Comme instruments et accessoires :

Une lancette;
Un petit bistouri (à scarifier);
Une pince (à pansement) à deux branches;
Une paire de ciseaux;
Un crayon de nitrate d'argent;
Un stylet;
Un petit rasoir;
Un compte-gouttes pour laudanum;
Un pansement antiseptique (1);
Une seringue de Pravaz;
Deux ou trois feuilles de taffetas gommé d'Angleterre;
Deux ou trois bandes de toile;
Quelques épingles de nourrice;
Un paquet de charpie;
De la ouate hydrophile;
Alun (2) pour purifier certaines eaux peu potables;

---

lée. On filtre et on conserve dans un flacon bouché à l'emeri Ce flacon, la seringue de Pravaz et le bistouri à scarifications devraient se trouver dans la poche de tout militaire en expédition, comme de tout chasseur.

(1) Le pansement antiseptique, quoique compris dans la nomenclature générale de la pharmacie de poche, sera plus à propos placé dans une poche du vêtement ou mieux, dans la sabretache.

(2) Les affections les plus redoutables pour les Européens, dans la plupart des colonies des régions tropicales et intertropicales, particulièrement au Tonkin comme en Cochinchine, sont la diarrhée chronique et la dysenterie, on peut en attribuer la principale et peut-être unique cause à la mauvaise qualité de l'eau. Cela provient de l'immense quantité d'animalcules et de végétations microscopiques qu'elle contient en suspension. La *mauvaise* qualité de l'eau tient aussi à la dissolution dans certaines matières toxiques inhérentes à la composition des couches minéralogiques sur lesquelles elle passe. C'est pourquoi dans les pays où l'eau est d'une impotabilité aussi caractérisée que dans les pays ci-dessus mentionnés de l'Indo-Chine, il est bon de prendre la

Une boite de pastilles contre le mal de mer (1).

NOTA. — Sur tous les médicaments, mettre de la façon la plus méthodique et la plus apparente, une étiquette qui indique leur nature avec le nom et la manière de s'en servir: autrement dit, qui en précise le mode d'emploi et prévienne toute confusion entre les diverses substances.

Afin d'éviter les accidents, toute fiole; et, en général, tout récipient pouvant contenir des matières liquides ou solides d'un emploi ou d'un maniement dangereux, voire de nature très délicate et néanmoins capable de tenter quelque indiscrète curiosité, devra porter, très apparemment, une étiquette sur laquelle sera écrit en caractères rouges le mot « Poison ».

d) Pharmacie vétérinaire.

Essence de térébenthine;
Blanc de Paris ou blanc d'Espagne;
Acide arsénieux (par paquets de 1 gramme);
Arsenic;

---

précaution de l'indigène, qui ne boit jamais d'eau douteuse sans l'avoir préalablement purifiée, soit avec de l'alun, soit en y faisant infuser quelques feuilles de thé.

(1) Il y a plusieurs sortes de remèdes proposés contre le mal de mer. Nous ne pouvons donner la préférence à aucun, attendu que, n'ayant jamais eu le mal de mer, même au cours de longues traversées suffisamment mouvementées, nous n'avons eu l'occasion d'en expérimenter aucun. Nous en ferons connaître, toutefois, un qui, d'après la revue *Les Nouveaux Remèdes*, est recommandé vivement pour le traitement du mal de mer par M. W. N. Russel · c'est la gomme rouge (gomme de l'eucalyptus rostrata). Cet observateur aurait réussi avec cette drogue, où tous les autres médicaments préconisés (nitrite d'amyle, camphre, cocaïne, bismuth, chloroforme, morphine, caféine, bromure, etc.) auraient échoué. Le meilleur mode d'administration serait de donner des pastilles contenant chacune 0 gr. 06 de gomme d'eucalyptus rostrata, on devrait prendre une de ces pastilles chaque fois qu'on se sent incommodé et qu'on craint l'envahissement du mal de mer. Ordinairement, il suffit de trois ou quatre pastilles par jour, et on n'observerait aucun effet consécutif désagréable.

Carbonate de fer (par paquets de 1 gramme);
Eau blanche (liquide désigné aussi sous le nom d'*eau de Saturne*, d'*eau de Goulard*; s'obtient en faisant dissoudre une forte cuillerée à bouche de sous-acétate de plomb liquide dans un litre d'eau);
Vinaigre;
Huile ordinaire, huile de Venise;
Huile de lin, huile de pied de bœuf;
Onguent de pied;
Goudron végétal;
Topique Populeum;
Saponaphte, ou savon de pétrole, préservatif contre les insectes (1);
Etoupes ou chanvre en filoches;
Flanelles;
Quelques bandes de toile;
Une paire de ciseaux;
Litharge en poudre et galipot;
Sulfate de fer ou chlorure de chaux (2);

---

(1) Cette substance se trouve chez le fabricant (M. G. de Velna) 40, rue des Ecoles, à Paris.

Si, contre l'acarus de la gale, le pétrole est un puissant remède, on pourrait essayer le *saponaphte* à Madagascar comme préservatif pour les chevaux et les mulets, car « il paraîtrait que ces animaux ne pourraient résister aux piqûres d'une sorte de pou *celtique* nommé *carapato*, qui se logeant par milliers entre cuir et chair des solipèdes, les sucent et les épuisent complètement ». (Colonel Ortus.)

Il existe aussi à Madagascar une mouche très piquante qu'on appelle mukafrin.

(2) Avec 3 litres d'eau dans lesquels on aura fait dissoudre du sulfate de fer, on peut désinfecter deux mètres carrés (mesure particulièrement pour le logement d'un cheval dans une écurie).

e) Trousse de toilette.

1 brosse à cheveux;
1 peigne fin (1);
1 rasoir (2);
1 cuir à rasoir (2);
1 blaireau (2);
1 brosse à dents;
1 morceau de savon (dans une boîte en métal);
2 éponges (3) contenues dans des sacs en toile ou en caoutchouc imperméables;
1 petit miroir plat;
1 brosse à habits;
1 boîte (en métal) d'épingles assorties;
Un vinaigre hygiénique de toilette;
De l'eau dentifrice;
Papier désinfectant (4);
Sac de toile pour le linge sale.

---

(1) La mention de ce seul instrument de toilette suppose que l'officier est tondu. Pour les officiers qui ont l'habitude d'avoir une coupe de cheveux comportant une coiffure plus compliquée, il sera evidemment necessaire d'ajouter à cette nomenclature un *deméloir*.

(2) En profitant de la faculté de laisser pousser la barbe, on peut supprimer ces trois instruments (rasoir, cuir à rasoir, blaireau).

(3) Les éponges, qui ne pesent que quelques grammes et ne tiennent presque pas de place, permettent de faire très facilement une toilette complète et bienfaisante, en n'importe quel endroit, ne serait-ce qu'au bord d'un ruisseau.

(4) On peut faire usage du « Purificateur d'air *Leoni* » en tablette composée de matieres puissamment désinfectantes et insérée dans un cadre imitation cuir à accrocher près du plafond des divers locaux du cantonnement ; ce purificateur Léoni (12, boulevard Magenta, Paris) est le moyen le plus commode pour chasser les mauvaises odeurs et purifier l'air. Il répand une odeur légèrement agréable et donne un air frais ; il a surtout la propriété d'agir automatiquement et continuellement ; il préserve des épidémies, chasse les mou-

f) Cassette.

Une cassette ou petit coffret pour décorations, insignes, rubans d'ordre, etc., dans laquelle sera conservée une enveloppe à l'adresse de la famille, ainsi qu'un rouleau pour or.

Il pourra s'y trouver quelques objets précieux, tels que insignes pour les jours de gala ou cérémonies extraordinaires, et pour les talismans ou souvenirs intimes plus ou moins sacrés dont on aime à ne se séparer jamais.

g) Trousse de raccommodage ou d'entretien (1).

OBSERVATION. — Elle sera en peau ou en drap analogue à celle des hommes de troupe; elle contiendra :

Fil noir, rouge, blanc, gros fil de sellier;
1 dé, 1 alène;
Des aiguilles de différentes grosseurs:

---

ches, moustiques et toute la vermine et entretient partout une atmosphère fraîche et saine. — Pour la conservation des étoffes, vêtements, couvertures, couvertes, etc., employer le Purificateur d'air Léoni, fabriqué spécialement *ad hoc* et qui prend dans ce cas le nom de *camphorine*, parce qu'il a les mêmes propriétés et le même aspect que le camphre, qu'il remplace avantageusement, coûtant la moitié, étant moins inflammable et ne graissant pas.

(1) « Deux vestes, deux pantalons de drap, trois ou quatre chemises suffisent pour une campagne de dix-huit mois, seulement que ces effets soient neufs et de bonne qualité, qu'une trousse bien garnie de fil, de boutons, d'aiguilles, etc. les accompagnent, et que cette trousse s'empresse de prêter ses secours à chaque petite déchirure qui survient. Avec ces précautions, vous éviterez un monde de privations, de tracasseries, qui pourraient dégénérer en malheurs et avoir plus d'influence que vous ne pouvez le prévoir sur votre avenir militaire. » (Général de Brack.)

1 aiguille de sellier (1);
1 paire de ciseaux;
Des boutons en métal d'uniforme de tous modèles (capote, dolman, vareuse ou tunique, gilet militaire).
Des boutons en os ou en cornaline pour caleçons, chemises, pantalons ou autres effets de toile;
Doubles boutons en cuivre ou en laiton pour bélière, support de sous-pieds, *leggins* ou même pantalons d'ordonnance, les boutons plats cousus n'ayant aucune solidité (2);
Boucles de pantalon, porte-mousquetons, boutons pour gants, etc. etc.

h) Ramasse-tout.

C'est le nom que l'on peut donner à une sorte d'enveloppe instantanée qui servirait à la fois de vide-poche et de râteau propre à recueillir tous menus articles, tout objet précieux pouvant rester à la traîne derrière soi.

Cet appareil se compose d'un carré de forte lustrine de 0m,60 environ de côté; les bords sont garnis de petits anneaux de cuivre ou d'aluminium dans lesquels on passe une ficelle à la manière des antiques bourses de cuir ou de certaines blagues à tabac. On place ce carré sur une table, ou sur quelque chose d'équivalent, en arri-

---

(1) Cette aiguille est indispensable pour pouvoir pratiquer un évidement de la matelassure ou ce qu'on appelle une *fontaine* en terme de bourrellerie, car, en campagne, on peut compter, parmi les accidents qui s'y produisent le plus fréquemment, les tumeurs, cors ou excoriations sur le dos de l'animal, blessures sur lesquelles il serait dangereux et surtout douloureux de faire porter une charge.

(2) On pratique alors au bas des *leggins* des trous ourlés, en ayant soin de renforcer la partie du drap ainsi percée du côté de la doublure, avec une petite basane ou cuir.

vant au cantonnement, car c'est surtout dans un gîte le plus souvent inopiné, mal connu, qu'un oubli quelconque peut être irréparable, et l'on y dépose tous les menus objets que l'on est forcé de retirer momentanément de ses poches ou de sa caisse à bagages.

En cas de départ précipité (1) il suffit de tirer

---

(1) On pourrait citer bien des épisodes de guerre qui démontrent l'utilité d'une pareille précaution. Nous n'en citerons qu'un, pris dans la dernière guerre franco-allemande. (Affaire de Lamarche, 11 décembre 1870) :

Dès le mois de novembre 1870 au cours de la guerre franco-allemande, un petit corps de partisans (chasseurs des Vosges) avait installé son foyer d'action à Lamarche, chef-lieu du seul canton du département des Vosges qui ne fût pas encore occupé par l'ennemi. Une colonne prussienne, forte de 1.250 hommes et composée de toutes armes, fut chargée d'anéantir, comme un incendie couvant sous la cendre, « ce repaire de bandits et d'assasins » qui pouvait devenir un exemple contagieux de résistance locale. Les partisans, au nombre de 250 environ, marchèrent à la rencontre de cette colonne et lui livrèrent, en avant de la petite ville, entre la côte des Fourches et le mont Saint-Etienne, un combat acharné, à la suite duquel les Prussiens purent néanmoins pénétrer dans Lamarche, où ils s'établirent en cantonnement d'alarme. Mais les chasseurs vosgiens les ayant menacés d'un retour offensif, après une retraite en bon ordre dans les bois avoisinants, une panique s'ensuivit parmi les envahisseurs; ceux-ci se hâtèrent donc de regagner leur point de départ et avec une telle précipitation que leur commandant en chef lui-même, le colonel Dobschütz, lequel logeait à l'hôtel du « Soleil d'Or », ne put prendre que le temps de s'esquiver en oubliant (?) dans sa chambre, sur sa table de nuit, sa carte, ses bijoux et sa bourse. *Campagne de la 1re compagnie de guides forestiers des Vosges*, par E. Rambaux, garde général des eaux et forêts. Mirecourt, autographie Humbert.

Or, si au lieu d'avoir à ce moment-là tous ses effets déposés çà et là, sur les divers meubles à sa portée, sans aucun ordre méthodique, cet officier supérieur prussien eût commencé par déposer ensemble sur un « ramasse-tout » faisant office de vide-poche tel que nous le comprenons, ses objets usuels les plus indispensables, il n'eût pas commis un oubli qui pouvait avoir pour lui et son parti les conséquences les la ficelle, et le carré devient une poche, que l'on emporte avec son contenu et que l'on place soit dans les sacoches ou bissacs, soit dans la musette de son ordonnance, jusqu'à ce que l'on puisse trouver le temps nécessaire pour remettre chaque objet à sa place.

NOTA. — Il faudrait avoir à propos de menus objets dont on peut être obligé d'être muni : un petit porte-montre en cuir fort dans lequel on aurait soin de placer sa montre chaque fois qu'on la sort de son gousset pour s'en separer. On évite ainsi les chocs ou les chutes qui pourraient l'endommager, vu surtout la nature et le maniement, presque toujours brusque, d'un récipient tel que notre ramasse-tout.

1) Cantine à vivres.

Il est transporté, par les trains régimentaires marchant à la suite des troupes, un certain nombre de cantines à vivres allouées aux officiers de tous grades ; chaque cantine contient des ustensiles pour 5 officiers. Dimensions : 0m,71 × 0m,31 × 0m,45. Poids : 22 kilogrammes avec les ustensiles, sans les vivres.

La cantine renferme deux rations de vivres (3 kilogr. environ par officier) et le matériel suivant :

1 lanterne,	1 bouillotte,
1 bougeoir,	1 poêle à frire,
1 moulin à café,	1 écumoire,
3 boîtes carrées,	1 cuiller à pot.
3 bidons carrés,	7 assiettes en fer-blanc,
1 marmite,	6 fourchettes,
1 gril,	6 cuillers,
5 timbales,	2 couteaux de table,
1 poivrière,	1 couteau de cuisine.
1 salière,	1 tire-bouchon.

---

plus malencontreuses, tout en accusant un aussi grand manque de solidité et de sang-froid.

Nota. — Si l'on veut se ménager la possibilité de rafraîchir les liquides, ajouter un bidon en fer-blanc de la contenance de 2 litres environ. Ce bidon sera recouvert en drap qu'on puisse mouiller de manière qu'en balançant le bidon dans l'air, le courant d'air produit ainsi sur l'enveloppe humide du récipient suffise à glacer le liquide contenu.

La glace sert fréquemment non seulement à rafraîchir les boissons mais encore, particulièrement pour les blessés, à apaiser la soif qui les dévore. Malheureusement elle est difficile à conserver et on ne se la procure pas toujours facilement. Il est facile de la conserver vingt-quatre heures en l'enveloppant de flanelle et en la plongeant ensuite dans des boîtes pleines de son.

Quand on a absolument besoin de glace on peut la fabriquer assez facilement avec du nitrate d'ammoniaque. Dans un vase quelconque, un pot en terre, par exemple, on met parties égales d'eau et de nitrate d'ammoniaque et on plonge dans le mélange un second vase contenant l'eau à congeler. Au bout d'une demi-heure de séjour à la cave le liquide est solidifié. S'il ne l'était pas, on renouvellerait le mélange réfrigérant. Par évaporation de la dissolution de nitrate d'ammoniaque, on retrouve ce dernier sel, qui peut ainsi servir indéfiniment.

CHAPITRE II

Méthode à observer par tout officier (monté ou non monté) pour placer les divers objets que l'on emporte en campagne : 1° sur soi ; 2° dans la caisse à bagages.

RÈGLE GÉNÉRALE. — Quand il s'agira de « faire sa cantine » suivant l'expression militaire, pour ainsi dire consacrée, comme on dit plus généralement dans la vie ordinaire : « faire sa malle » ou « sa valise », on pourra pratiquer la règle suivante : 1° Afin d'éviter les oublis, réunir méthodiquement, sur une table ou surface équivalente, les objets à emballer en commençant par les pieds et en finissant par la tête; 2° mettre les objets les plus lourds les premiers au fond de la caisse, les objets les plus délicats ou les plus légers en dessus: 3° il est bon de prendre, dès l'entrée en campagne, et même dans des situations analogues, telles qu'aux grandes manœuvres, qui peuvent se rencontrer ou se présenter en temps de paix, l'habitude de mettre autant que possible les mêmes objets, parmi les plus usuels, dans les mêmes poches (1).

(1) On sait que, pour la tenue de campagne, les officiers sont autorisés à faire pratiquer des poches à l'instar, par exemple, de celles qui existent en tous temps dans le dolman, à celles de leurs tuniques qui ne sont pas des effets de grande tenue.

Effets et objets habituels de la tenue de campagne portés par l'officier.

Une chemise de soie Tussor ou une chemise en toile ordinaire;
Un caleçon;
Une tunique ou dolman;
Une culotte de drap;
Une paire de chaussettes;
Une ceinture de laine ou de flanelle;
Une paire de grandes bottes (graissées) en cuir de Russie avec éperons à la chevalière;
Une paire de bottes avec éperons (vissés ou à boîte (pour officier monté);
Un col liséré avec ou sans cravate noire pour tunique ou dolman;
Un képi;
Une montre avec ou sans boussole;
Une boussole;
Un sifflet (modèle Baduel);
Une lorgnette ou jumelle;
Une paire de lunettes à verres fumés (1);
Un sabre avec dragonne en cuir et ceinturon;
Un revolver dans son étui ou avec sa banderole et sa courroie de ceinture;
Des gants en peau de chien de couleur rouge-brun ou chamois; plus avantageusement en cuir anglais genre *gants* dits *de conduite* et de préférence à manchettes sans boutons;
Un mouchoir de poche;
Un porte-monnaie se fermant bien;
Un portefeuille ou carnet;
Un couteau-nécessaire (avec anneau);
Eventuellement, un matériel de fumeur;

---

(1) Pour ménager l'organe visuel dans les pays où la lumière du soleil est trop fatigante par son éclat.

De quoi écrire sommairement et une carte du pays :

Au doigt, un anneau formant cachet à ses initiales.

« On peut ajouter dans certains cas : une gourde en peau de bouc, ou autre, avec son gobelet y attenant (1).

---

(1) On a beau avoir une gourde même bien remplie, fût-elle de la contenance de 2 litres, il est bon de prévoir les cas où, dans certains climats, toute soif, avec surtout certains tempéraments, serait inextinguible. Nous indiquerons un moyen très simple, que nous avons mis souvent en pratique, notamment sous les tropiques, de calmer la soif et même de se désaltérer complètement avec une minime quantité de liquide :

Pour calmer complètement la soif avec quelques gorgées d'eau, on introduit dans la bouche sans l'avaler une gorgée de liquide, puis penchant la tête en avant on respire lentement par la bouche et après l'avoir fermée on rejette l'air par le nez. Cette opération est répétée cinq à six fois avec la même portion de liquide qu'on finit par avaler, et on la recommence avec une nouvelle quantité d'eau jusqu'à ce qu'on soit désaltéré complètement, ce qui arrive rapidement. L'air, en traversant la bouche, produit un gargouillement particulier et, arrivant dans la gorge refroidi et humide, apaise très vite la sensation de la soif.

CHAPITRE III

Placement le plus commode des objets habituellement portés sur soi en tenue de campagne.

Dans les poches du dolman ou de la tunique, du gilet et dans celles de la culotte.

Dans la *poche inférieure de droite* de la tunique ou dolman :

Un mouchoir de poche.

Dans la *poche droite du gilet* (1) :

Un porte-monnaie.

---

(1) Cette poche doit pouvoir se boutonner et être doublée en bonne toile. Il importe, en effet, de ne pas s'exposer à perdre son argent de poche. Quant à la provision, encore plus importante, qu'il faut toujours avoir en reserve comme une « poire pour la soif », et dans tous les cas, comme son véritable petit « trésor de guerre », on se ceindra sur la peau même, d'une ceinture en cuir imperméable pour or, avec laquelle on pourrait, le cas échéant, traverser une riviere ou même atténuer les pertes matérielles essuyees dans un naufrage dont on aurait la chance de se tirer sain et sauf. En toute occurrence, on peut aussi coudre quelques pièces d'or soit dans la doublure des pattes d'epaule en poil de chèvre du dolman (pour les officiers qui portent ce vêtement) : soit dans la doublure des manches de la tunique (suivant l'arme).

« L'officier doit porter sur sa peau une ceinture légère en cuir souple ou en forte toile et dans laquelle il met quelques

Poche gauche intérieure de la tunique ou dolman :

Le nécessaire de mobilisation personnelle.

Poche droite extérieure de la tunique ou dolman :

Carnet de l'unité que l'on commande.

Poche droite de la culotte :

Un couteau nécessaire et un anneau brisé pour clés, attaché, ainsi que le couteau, à la boutonnière de la poche par un cordon muni d'un petit porte-mousqueton.

Dans la *poche gauche de la culotte :*

Les divers articles de fumeur (boîtes d'allumettes tisons et autres), briquet, tabac, pipe, etc., pour ceux qui en font usage. — En fait de briquet : à signaler un nouveau briquet en forme de boîtier de montre, système Philippart-Moulin (117, rue Vieille du-Temple) contenant sa mèche et donnant du feu instantanément sans frapper et par tous les temps.

A défaut du briquet Philippart-Moulin, nous recommanderons simplement d'être toujours muni pour les marches de nuit d'un morceau d'amadou afin de pouvoir se servir de la boussole dans l'obscurité.

On a à consulter de temps en temps l'aiguille et pour cela il sera à propos de se servir du procédé indiqué par Frédéric II dans ses *Instructions secretes*, lequel consiste à promener sur le verre de la boussole un morceau d'amadou ou de mèche, qu'on aura allumé au briquet ordinaire derrière le havresac d'un homme ou sous un pan de son uniforme.

---

pièces d'or ; c'est là sa bourse. Il n'y a pas de mal aussi que l'officier de troupe légère couse quelques-unes de ces pièces entre le drap et la doublure de la plus vieille de ses vestes » (De Brack).

Poche inférieure gauche de la tunique ou dolman :

Coco en cuir verni.

Dans la sacoche porte-cartes ou dans une manière de « sabretache » : aide-mémoire d'état-major (ou de son arme), papier quadrillé à 0m,01 et enveloppes imprimées ; papier blanc ordinaire ; quelques feuilles de papier pour correspondance et enveloppes avec adresses toutes faites ; crayons rouge et bleu pour croquis ; porte-plume et plumes (dans une boîte en liège).

Sous-main en carton recouvert de toile à rebord fixe papier ; colle à bouche ; gomme double à effacer ; cartes du pays (1).

Dans l'enveloppe en cuir verni extérieure du porte-cartes sous la pattelette : de plis tous préparés pour correspondance militaire.

NOTA. — Dans la poche de droite de la doublure de la tunique ou du dolman : un petit porte-cartes contenant quelques cartes de visite, quelques enveloppes avec adresses d'amis ou de famille et renfermant du papier à lettre blanc sur lequel on puisse, en cas d'accident ou de décès, écrire immédiatement pour en informer les personnes indiquées par l'enveloppe, sur laquelle d'ailleurs on n'omettra pas d'apposer l'avis suivant « En cas de décès de moi-même (N....) prière à celui qui trouvera sur moi le présent porte-cartes, d'en faire parvenir la nouvelle aux personnes dont les enveloppes qu'il contient portent les adresses. »

OBSERVATION. — Les trois premiers chapitres du présent indicateur renfermant tout le matériel

(1) La poche extérieure gauche de dessous de la tunique ou dolman sera toujours laissée libre de manière à pouvoir y loger momentanément la carte dont on se sort avec sa pochette. Et en fait de pochette ou d'enveloppe-étui, on peut, sans se compromettre, recommander l'enveloppe-étui *système Lebois*. Elle a des dimensions permettant de la mettre dans la poche ; elle est en corne translucide, très solide et réellement imperméable.

de guerre réellement indispensable en campagne à l'officier d'infanterie à pied pour marcher et combattre dans la plupart des circonstances qui peuvent se rencontrer au cours d'une guerre européenne, on peut les considérer, particulièrement dans ce cas, comme suffisants pour constituer seuls « le nécessaire » de l'officier à pied.

CHAPITRE IV

Observation. — Ce chapitre intéresse spécialement les officiers montés en général et tout particulièrement ceux d'infanterie.

Nomenclature du harnachement de route et de campagne.

Selle complète d'ordonnance avec ou sans couvre-selle (1);
Sacoches de devant (à cheval, le collet à capuchon est roulé sur les sacoches);
Sacoches de campagne ou bissacs;
Bride complète d'ordonnance;
Longe-poitrail;
Etriers en fer poli et du modèle général (2) avec étrivières;
Sangles;
Couverture pliée en quatre sous le tapis d'ordonnance;
Tapis d'ordonnance.

---

(1) Si l'on tient à se servir d'un couvre-selle en cuir, il faut avoir soin que la chair en soit en dessous.

(2) Nous conseillerons les *étriers* dits *Musany*, du nom de leur inventeur, eu égard à ce que la construction de leurs branches d'inégales longueurs répond, d'une façon aussi simple qu'ingénieuse, à un principe très rationnel d'equitation au point de vue de leur position même sous les pieds du cavalier.

A ce propos, ce serait peut-être aussi le cas, spécialement pour une campagne d'hiver, d'adapter à ces étriers Musany

Nota. — Relativement au harnachement proprement dit, il convient de faire les remarques ci-après :

1° Il est sage d'interposer entre l'épiderme du cheval et le tapis en drap (bleu foncé), un tapis de cuir fauve de la forme dite à l'anglaise, débordant un peu la matelassure de la selle et fortement martelé, qu'on rattache au tapis d'ordonnance par de petites courroies qui le traversent, tout en maintenant la couverte.

Le tapis de cuir, et pour bien des raisons, n'est pas d'ordonnance; mais nous croyons pouvoir être à même d'avancer qu'un tapis en cuir martelé est la seule matière, dont l'interposition entre la matelassure de la selle et l'épiderme du cheval est ce qu'il y a de plus capable de préserver celui-ci de toute érosion de la peau, par le fait du lissé de sa surface et de tout échauffement que peut occasionner la sueur au contact des crins et d'une étoffe quelconque. Avoir soin de nettoyer de temps en temps le tapis de cuir avec une éponge imbibée d'eau et de le faire sécher *à l'ombre*, après l'avoir préalablement essuyé avec un linge. On peut également l'étancher avec une éponge,

2° Le tapis en drap bleu foncé a ses angles de devant arrondis et ceux de derrière droits, doublé en feutre et passe-

---

de petites boîtes en métal que l'on fixerait au-dessous de la planche de l'étrier, de manière à servir au besoin de petites chaufferettes, d'autant plus commodes que l'horizontalité qu'assure la construction de cet étrier à branches d'inégales longueurs, empêche la matière comburante de se renverser. Du reste, ce moyen employé par les cavaliers pour empêcher leurs pieds de se refroidir à cheval pendant l'hiver ne serait pas nouveau. Il en a été fait usage autrefois par des postillons ou dans le service des anciennes messageries. Il y avait alors des étriers à lanternes, qu'on appelait aussi pyrophores qu'on fixait au-dessous de la planche de l'étrier et qui éclairaient pendant la nuit le cavalier et chauffaient ses pieds.

Le pyrophore, nom qu'on donnait à toute préparation chimique qui brûle au contact de l'air avec dégagement de lumière, était très employé avant l'invention des briquets phosphoriques et des allumettes chimiques. On se servait notamment du *pyrophore de Homberg*. C'est un mélange de trois parties d'alun à base de potasse et d'une partie de sucre, d'amidon, de farine ou de mélasse, desséché dans une cuiller de fer, réduit en poudre, puis calciné dans un matras placé dans un creuset qu'on chauffe au rouge pendant vingt-cinq minutes environ.

poilé de couleur distinctive (1), pour officier supérieur, le tapis est bordé parallèlement d'un second galon de 15 millimètres de largeur, seulement, placé en 5 millimètres en dedans du premier.

Un entrejambes en cuir verni est appliqué de chaque côté au bas du tapis sur une longueur de 300 millimètres.

Au sujet du placement du harnachement sur le dos d'un cheval, nous croyons devoir faire la recommandation ci-après :

Il importe, surtout en campagne, d'éviter toute cause de blessure provenant du harnachement. Or, à cet égard, il faut considérer que la majeure partie des équipages de cheval sont fabriqués par des industriels sans tenir compte des principes rationnels qui se rattachent au maniement du cheval, on conçoit, en effet, qu'un fabricant ne saurait être très entendu en sellerie qu'à la condition qu'il fût en même temps un parfait écuyer ou du moins qu'il fût dirigé, dans la confection et l'ajustage de certaines parties essentielles de harnachement, par un véritable homme de cheval.

Il n'en est généralement pas ainsi et c'est pourquoi les étrivières de toutes les selles en service dans l'armée comme ailleurs, sont pour la plupart, mal placées. Le plus ordinairement, elles sont cousues ou clouées après la matelassure ; c'est là une construction défectueuse, source de bien des accidents. Pour qu'une selle ne blesse pas, il faut évidemment que les sangles soient disposées de manière à assurer au cheval, toute *liberté de garrot et de rognons*. Par conséquent, il faut aussi procurer à l'arçon de la selle une fixité telle qu'on évite les frottements ou les chocs qui résulteraient de son ballottement ou de son instabilité, soit en produisant tantôt trop en avant, sur l'avant-main, c'est-à-dire sur le garrot, tantôt trop en arrière, c'est-à-dire sur les rognons, une charge exagérée qui gêne les mouvements locomoteurs. De là, la nécessité d'obtenir, d'abord la fixité de l'arçon qui est, par sa rigidité, comme la charpente de la

---

(1) Garance pour l'infanterie de ligne et la légion étrangère ; jonquille pour les chasseurs à pied et les tirailleurs algériens.

Le tapis d'ordonnance est galonné, pour tous les officiers montés ou autorisés à l'être, à $0^{m},05$ du passepoil, d'un galon façon cul-de-dé, largeur de 35 millimètres en poil de chèvre et de la couleur distinctive (garance pour l'infanterie de ligne, l'infanterie coloniale et la légion étrangère, jonquille pour les chasseurs à pied et les tirailleurs algériens).

selle, et cela en fixant la pièce principale de soutien de l'arçon, c'est-à-dire l'arcade.

On fixera donc l'arcade de la selle sur le dos du cheval, en attachant sur les côtes de cette partie rigide au moins un des trois contre-sanglons, en sorte que le siège de la selle ne bougera plus. Dès lors, il suffira, pour avoir la charge du cheval toujours bien équilibrée, qu'on ressangle de temps en temps, en vertu de cet autre principe, bien conforme à la structure de l'animal, à savoir que, suivant l'expression d'un très grand écuyer (1), « le dos du matin n'est pas celui de midi et celui de midi n'est pas celui du soir », ce qui veut dire que, suivant le temps ou la fatigue de la route, le cheval monté change nécessairement le diamètre et partant le volume de son cylindre, soit en se dégonflant, soit en affaissant son rachis.

Prolongement mobile ;
Etui porte-avoine ;
Musette mangeoire ;
Seau en toile.

Nota. — Les sangles d'ordonnance sont en corde, mais nous croyons qu'il serait préférable en campagne de leur substituer des sangles en boyaux et même en aloès.

A la selle ordinaire, il est ajouté pour le service de route et de campagne, un prolongement mobile en fer enveloppé de cuir fauve, il a la forme d'un fer à cheval sur son plat dont les deux branches écartées l'une de l'autre de 140 millimètres hors œuvre, se terminent par une patte de retour de 30 millimètres environ, percée d'un trou dans lequel s'engage une forte vis ou bouton montée à gorge, dont la tête présente une mortaise pour écrou solidement fixé dans l'arçon à l'endroit du troussequin. Ce prolongement de 25 millimètres de large dans tout son développement circulaire sur son plat, est percé à son sommet d'une mortaise pour une troisième courroie de charge. La distance du point au troussequin est de 100 millimètres. Il y a lieu d'ajouter à cette nomenclature six petites courroies, une longe-poitrail, c'est-à-dire une longe pour licol de parade (2) pouvant aussi faire office de

---

(1) L'incomparable capitaine Raabe, ancien officier de cavalerie, mort à Paris, le 29 mai 1889.

(2) Le licol porte une longe en cuir fauve qui est munie d'une boucle à chacune de ses extrémités. Cette longe se

courroie de poitrail. Enfin, pour un véritable harnachement de campagne, *une croupière.*

A ce sujet, nous n'ignorons pas que cette partie du harnachement a cessé d'être reglementaire dans l'armée française depuis au moins une dizaine d'années. Nous n'en estimons pas moins que tout officier, soucieux de la bonne conservation de sa monture et ayant un tant soit peu le sens du cheval, se gardera bien de se priver de cet adjuvant équestre, si surtout la variété des conformations et des races chevalines, autorise, dans la tenue de route ou de campagne, certaines tolérances.

Portemanteau.

Nous conseillerons à l'officier monté, pour l'équipage de route ou de campagne, d'ajouter à son harnachement si le commandement lui en laisse la faculté, une sorte de petit portemanteau confectionné en drap bleu de troupe avec pattelette, dans la forme cylindrique des anciens portemanteaux réglementaires, en usage dans l'armée française, mais tout simple, sans aucun agrément et ayant, cousue sur le milieu, une courroie de charge qui permette de fixer cette sorte de petite valise portative sur le prolongement mobile ou derrière le troussequin de la selle. Autrement, cette valise pourrait être arrimée sur l'avant-main ou portée par un deuxième cheval.

Un tel portemanteau est surtout utile dans toutes les circonstances, telles que *reconnaissances* d'officier, missions isolées, explorations rapides, course de sortie ou d'évasion, où l'on est nécessairement privé ou éloigné de ses gros

---

passe autour du poitrail du cheval et s'attache au moyen des boucles aux sacoches de devant qui sont enchapées à cet effet, sur chaque côté anterieur de leur semelle, un D en cuivre sert à passer les deux extrémites de la longe-poitrail.

bagages; il donne la faculté, sans excéder les forces d'une monture ni d'un homme, qui se trouverait dans le cas de voyager à pied pendant quelques jours aussi allégé que possible, de se suffire pour le plus nécessaire et de se passer ainsi de *cantine* ou caisse à bagages (1) et même de bissacs.

Nous expérimentons, depuis plusieurs années, en maintes circonstances de la vie militaire, un portemanteau qui pour nous est le type de la valise utilitaire, et dont les dimensions sont les suivantes: longueur 47 centimètres; diamètre 14 centimètres.

Cette contenance est suffisante pour transporter commodément, à l'abri des intempéries, tous les effets de rechange et de toilette dont on peut avoir besoin.

Musette de pansage et son contenu.

Collection d'effets de pansage: Etrille, brosse en chiendent, brosse en crin, éponge, peigne ou griffe en corne, griffe en cuivre, ciseaux, cure-pied (le cure-pied adapté extérieurement à la sacoche).

Emporte-pièce dans une gaîne en cuir;

Surfaix;

Licol d'écurie (2);

---

(1) Le terme de « cantine » appliqué à toute espèce de bagages de l'officier, peut être considéré, d'après l'usage, comme un terme générique. Il est plus communément usité dans le langage courant que l'expression *caisse à bagages*

(2) Pour le licol d'écurie, la meilleur longe, à notre avis, serait une longe en peau d'anguille, c'est la seule substance que le cheval ne ronge pas.

Bridon d'abreuvoir (1);
Seau en toile (2);
Une paire d'entraves (pour bivouaquer).

Moyens d'attache pour chevaux et mulets.

En Afrique, ou dans certaines autres colonies, au bivouac, les chevaux et mulets des officiers sont placés entre leurs tentes et celles de la troupe.

Les officiers doivent veiller à ce que leurs animaux soient solidement attachés. Un seul piquet auquel est fixée une corde de 1 mètre environ, terminée par une entrave simple, suffit pour la généralité des chevaux; l'animal ne pouvant ainsi employer que la force d'une jambe, est moins sujet à se détacher que quand il est retenu par le licol.

Cependant il est utile que le cheval ait, autour du cou, un collier, ou du moins une corde, pour qu'il puisse être ressaisi, si, par hasard, il venait à s'échapper la nuit; même

---

(1) Eviter qu'on donne des saccades sur les barres du cheval, car cela lui occasionnerait des plaies.

Un cavalier inexpérimenté ou insouciant, en attachant le cheval par une seule rêne du bridon, le convertit en nœud coulant, alors, si les montants du bridon sont trop courts, le mors presse trop fortement la commissure des lèvres, ce qui occasionne une douleur au cheval et le porte à « tirer au renard » et si le cheval tire au renard, le mors comprime la langue et peut la couper en partie, en même temps qu'il blesse les barres et la barbe. Du reste, toute saccade sur la bouche du cheval, a aussi un retentissement nuisible sur les ressorts locomoteurs.

(2) En outre de ce seau en toile, nous recommanderions, si l'on dispose de place en suffisance, deux autres objets très utiles en campagne : 1° une musette-mangeoire en cuir comme celle en usage dans la cavalerie en Afrique et une petite mesure en fer-blanc, de la capacité d'un litre.

pendant le jour, un cheval peut se désentraver (1).

Le meilleur système pour attacher les chevaux au bivouac, particulièrement en Afrique, et que l'expérience du pays a fait adopter, c'est l'emploi des entraves et des cordes dites de *campement*.

Il faut à un officier monté ou susceptible de

(1) Voici, par exemple, une petite aventure qui nous est arrivée et qui pourrait se représenter, ou quelqu'autre analogue : Dans les premiers jours de l'année 1885, nous conduisions, à travers le petit Sahara, un détachement du 2e étranger, qui, d'Aflou (dans le Sud oranais) était envoyé comme renfort au 4e bataillon de la légion étrangère lequel faisait alors partie, à Formose, du corps expéditionnaire de l'extrême Orient. Nous venions d'arriver à l'étape et nous campions près d'un arroyo, après l'avoir traversé, notre cheval était à la corde, mais il n avait pas son licol, malgré nos recommandations, car notre ordonnance venait de le dessoller et croyait que, pour lui avoir mis double entrave, il avait pris des précautions suffisantes, encore qu'il fit un peu de *siroco*, pour prévenir tout accident. De notre côté, nous avions dû, à peine avions-nous mis pied a terre, nous hâter d'expédier un pli urgent de service à notre chef de corps alors en tournée et, dans ce moment, de passage a Tiaret. Connaissant la route à faire jusqu'au Tell, nous n'avions emmené avec nous aucun spahi ou cavalier quelconque, pouvant nous servir de guide ou d'estafette. Or, sur ces entrefaites, il vint à passer à quelque cent mètres de nous, un courrier arabe chargé de la correspondance pour le compte de la poste. Ce courrier montait une magnifique jument arabe, et, s'arrêtant a notre appel, il se présenta devant notre tente pour prendre nos ordres ou nos dépêches. Mais a peine cette jument fut-elle arrivée à quelques pas que notre cheval, s'ébrouant au seuil de la tente, rompant instantanément ses entraves, *sauta* sur la jument, celle-ci en se débattant, se débarrassa à la fois de son cavalier et de son énorme bissac en cuir, bourré de dépêches et s'enfuit à toute vitesse, vigoureusement poursuivie par notre cheval Irak, un étalon syrien, récemment sorti du dépôt-haras de Mostaganem. Entraîné par cette course effrénée, en un clin d'œil, Irak fut au delà de l'arroyo et il eût été certainement hors d'atteinte et insaisissable, sans le dévouement d'un petit *sokzar* de notre convoi de chameaux, qui parvint à s'en rendre maître en l'enfourchant à cru et à le ramener par la crinière au prix des plus grands

l'être, une corde et les piquets d'une longueur suffisante pour attacher un, deux ou quatre chevaux et mulets et des entraves.

Ces cordes sont prises habituellement au magasin du campement sur un bon; elles sont en chanvre; mais quand on le peut, il vaut mieux en avoir de confectionnées en crin et poil de chameau ou simplement en crin; dans ce cas, c'est à l'officier à s'en procurer. Celles ci ont deux avantages incontestables: 1° les chevaux ne les mangent pas: 2° la pluie ou l'humidité, la boue, etc., ne les raidissent pas; elles sont très faciles à laver et sèchent tout de suite. Celles en chanvre, malgré le goudron dont on les enduit parfois, ont au contraire ces fâcheux inconvénients.

Quand on campe, chaque corde à chevaux est placée à terre et fixée, bien tendue dans cette position, au dessous du nez des chevaux, au moyen de piquets.

Il faut trois piquets par corde, deux aux extrémités et un au centre de la corde; ces piquets doivent être enfoncés dans le sol, de manière à ce que la tête de chacun d'eux se voie à peine, parce que le cheval en se couchant ou en se roulant, pourrait se blesser sur le dos ou sur les côtés, d'une façon grave.

Les piquets fournis par les magasins de campement doivent avoir la longueur d'un piquet de tente, soit 35 centimètres et 13 centimètres de grosseur. Un piquet a deux extrémités: l'une

---

efforts, ce que certainement n'eût pas été en état de faire, sans avoir un licol par où il pût saisir l'animal, n'importe quel cavalier européen.

Grâce à cet indigène, nous pûmes conserver, pour le service de la route et plus tard pour toute la durée de la campagne, un compagnon de guerre qui fut toujours pour nous un indispensable et puissant auxiliaire, en même temps qu'un héroïque serviteur.

pointue pour faciliter son entrée dans le sol, l'autre, ronde, noueuse que l'on appelle tête. Au dessous de cette tête, on fixe un anneau en fer par le moyen d'un petit collier de même métal pour le passage de la corde de campement qui sert à l'empêcher de glisser par le haut du piquet. Mieux vaut la tête naturelle noueuse autour de laquelle on enroule simplement la corde.

On peut faire soi-même ses piquets. On choisit pour les faire, une branche de bois dur ayant un fort nœud à une des extrémités; c'est de ce côté que l'on forme la tête; quand le piquet est terminé, on le fourre, avant d'y placer l'anneau en fer, dans un brasier pendant un instant pour le bien sécher et durcir; l'expérience apprend à choisir le meilleur bois pour cet objet.

Comme moyen d'attache au bivouac, on se sert d'une paire d'entraves que l'on boucle, d'un côté, à un pied de devant du cheval et dont l'autre côté est bouclé à la corde de campement; on a remarqué que le cheval était mieux tenu entravé d'un seul pied.

Quand le siroco s'annonce, il faut sans perdre de temps, doubler les entraves à un seul pied si ce n'est déjà fait. La surexcitation nerveuse des chevaux en pareil cas est très marquée et les porte à se désentraver (1).

Les entraves sont faites en cuir de Hongrie et garnies intérieurement aux bracelets d'un coussinet en cuir ou en bourre, pour garantir le paturon du cheval d'écorchures que produit le frottement, quand le cheval se meut, plaie difficile à guérir en route.

---

(1) Voir une notice détaillée sur la manière adoptée en Afrique pour établir les hommes et les chevaux de la cavalerie au bivouac, par Lecomte, ancien chef d'escadron en retraite.

Paris. Leneveu, libraire-éditeur, rue des Grands-Augustins, 18. 1874.

A l'exemple des Arabes, qui n'ont pas d'autres moyens d'attache, on se sert aussi d'entraves faites par les Juifs du pays; elles sont en poil de chameau et crin. On les a reconnues préférables dans certaines occasions, quand il pleut pendant plusieurs jours de bivouac, par exemple.

Bâchette.

La bâchette, ou petite bâche, est un morceau de toile imperméable de la grandeur d'une demi-couverte. Elle sert à couvrir, au bivouac ou dans les stationnements en plein air, le dos ou l'équipage du cheval lors des pluies abondantes ou continues. La toile cirée est trop cassante, il n'y a que la toile caoutchoutée ou la toile chinée, imperméable comme les bâches des voitures, qui puissent répondre au but qu'on se propose. Mais on peut n'avoir pas sous la main en tout temps une pareille étoffe; dans ce cas on pourra recourir au procédé indiqué et pratiqué par de Brack :

« Que l'officier prépare donc lui-même l'étoffe. Pour cela qu'il étende la toile de lin ou de coton sur un cadre ou un panneau et qu'il l'enduise, avec un pinceau, d'une préparation ainsi composée : Mettez dans une marmite de terre vernissée deux livres d'huile de lin, ajoutez-y deux pincées d'arsenic et gros comme une amande de Galipot. Suspendez dans l'huile et fortement nouées dans la toile, huit onces de litharge en poudre et de manière à ce que cette litharge ne touche pas le fond de la marmite; faites bouillir le tout sur un feu lent pendant six heures; laissez refroidir ensuite et employez l'enduit. Laissez sécher la toile à l'ombre et sur son cadre (2). »

---

(1) Rappelons à propos de cette recette, afin de pouvoir en faire au besoin l'application exacte, que la livre d'autrefois valait 0 k., 4895 et que l'*once* équivalait à 31 g., 25. En sorte

La bâchette ainsi fabriquée sera munie de six petits anneaux ou bagues en laiton, dont un au sommet de chaque angle et les deux autres au milieu du bord de chaque grand côté. Au moyen de ces anneaux, on pourra fixer la bâchette autour de l'équipage ou sur le dos du cheval.

Il est bien entendu que si l'on a un cheval de main on se pourvoira pour lui aussi d'une bâchette semblable. Dans tous les cas, les bâchettes pourront être portées ou dans les bissacs faisant partie de l'équipage du cheval de main ou dans la caisse à bagages affectée au contenu des effets de pansage.

Effets et objets pouvant être portés par le cheval.

Observation. — La charge est calculée sur ce

---

que les proportions indiquées par de Brack, à une époque où cependant le système métrique était déjà officiellement en vigueur en France, mais où les anciennes mesures étaient encore beaucoup plus dans l'usage courant que de notre temps, se traduisent en chiffres actuels par : 2 livres ou 0 k., 979 et huit onces ou 250 grammes de litharge soit, en nombre rond : un peu moins d'un kilo d'huile de lin d'une part, et d'autre part, 24 k. 1/2 de litharge.

Quant aux éléments mêmes de cette recette, il n'est peut-être pas non plus hors de propos de rappeler la composition du galipot et de la litharge. Le *galipot* est une sorte de mastic composé de résine et de matières grasses, c'est aussi comme une espèce de goudron, plus particulièrement en usage dans la marine où l'on s'en sert pour enduire les carènes, les murailles extérieures, les mâts et les vergues des navires du commerce.

La *litharge* dont la propriété est de rendre les huiles extrêmement siccatives est un protoxyde de plomb fondu, ordinairement coloré en rouge, par un peu de minium. On la nomme litharge d'or ou d'argent, selon qu'elle présente une teinte blanche ou jaunâtre.

qu'il peut être rationnel de faire porter par son cheval, à défaut de caisse à bagages ou autres moyens d'entretien à la portée de l'officier.

« La grande science du paquetage, dit de Brack, consiste en trois choses : 1º ne porter que l'indispensable; 2º répartir son poids convenablement pour qu'il pèse également, qu'il fatigue le moins possible le cheval et ne le blesse pas; 3º laisser au cavalier le plus de facilité possible pour manier son cheval et tirer parti de toutes ses ressources. »

On appliquera certainement la troisième condition de la science du paquetage selon le principe ci-dessus exprimé, en observant pour une route les trois autres règles ci-après : 1º en route, il faut descendre la main de bride, avoir même le plus souvent les rênes presque flottantes, la main élevée fatigant le cheval; 2º il est nécessaire de dégager l'articulation scapulo-humérale afin de faciliter les mouvements des membres antérieurs; 3º en reportant le poids du chargement vers l'arrière-main, on diminue incontestablement la force d'impulsion, puisque on comprime la détente des jarrets, mais on augmente la solidité.

D'après cela, on peut même établir expérimentalement suivant quelle proportion doit se faire la répartition du poids de la charge par rapport aux deux parties d'un cheval supposé partagé en deux par un plan vertical qui passerait par son centre de gravité :

Si l'on place un cheval sur une balance ou bascule, de telle sorte que ses membres antérieurs reposent sur le plateau A et ses membres postérieurs sur le plateau B, on reconnaît que, pour que la balance soit en équilibre, il faut que les bras du fléau soient dans la proportion suivante :

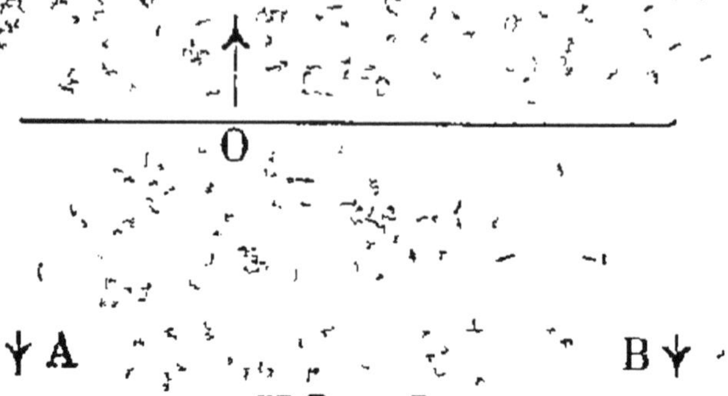

O

A B

$$\frac{HO}{GO} = \frac{2}{3}$$

Nous pouvons en conclure que si l'on coupe fictivement le cheval en deux parties par un plan vertical perpendiculaire à son plus grand axe et également distant de deux plans verticaux passant l'un par les pieds de devant, l'autre par les pieds de derrière, le poids de la partie antérieure sera à celui de la partie postérieure comme trois est à deux; autrement dit, le poids supporté par les postérieurs n'est que des deux tiers de celui que supporteront les antérieurs. Cette loi de la nature s'explique parfaitement lorsqu'on considère que les membres postérieurs sont des propulseurs ou organes de progression, tandis que les membres du devant ne sont que des supports. Il semblerait donc bon au premier abord de répartir la charge du cheval dans le même sens que son poids. C'est cependant tout le contraire que l'on fait et cela pour les trois raisons énumérées ci-dessus. Il faut donc, dans la répartition du chargement du cheval, tenir compte du volume et de la gêne des objets autant que de leur poids.

Effets et objets pouvant être portés par le cheval.

Sacoche de droite.

1 trousse vétérinaire;
1 cure-pied, étuyé extérieurement le long de l'arête antérieure de la sacoche, à l'instar d'un crayon de calepin;
1 fer de devant, dans une poche à fer.

Sacoche de gauche.

1 fer de derrière, dans une poche à fers;
16 clous ordinaires;
8 clous à glace engaînés dans les poches à fers (1);

Bissac de droite.

1 chemise de soie et 1 gilet de flanelle;
1 mouchoir;
1 paire de chaussettes;
1 tablier de caoutchouc (dans l'un des compartiments);
1 paire de brodequins, avec forts taquets en cuir pour retenir les éperons si, surtout, ils sont à la chevalière.
1 bonnet de nuit (calotte de coton);
1 paire de crochets tirants de bottes;
1 trousse de toilette.

---

(1) Dans tous les cas, on fera bien de faire ajouter contre la paroi interne des sacoches de devant une poche à fers en cuir rigide, pour éviter les ballottements de la ferrure ainsi portée.

Bissac de gauche.

1 pharmacie de poche (1);
1 lanterne de poche, bougie, ficelle;
1 trousse de raccommodage (habituellement dans le portemanteau);
1 petit en-cas de vivres : pain, viande froide, chocolat, flacon de vin.

Sur les sacoches de devant.

L'étui porte-avoine et la musette-mangeoire (2).

Sur le prolongement mobile.

Le portemanteau ci-dessus mentionné ou la capote roulée (3).

En fait de bagages, nous avons déjà vu que les capitaines ont droit à neuf kilos de supplément. Les chefs de bataillon ont droit à deux caisses à bagages; les lieutenants-colonels et colonels, à trois.

---

(1) Une petite partie seulement, le strict absolument indispensable, tout le reste dans la caisse à bagages.

(2) En Afrique, on pourra remplacer la musette mangeoire et le seau en toile par une musette mangeoire en cuir et dans ce cas la porter plutôt, soit dans l'une des sacoches du devant, soit dans l'un des bissacs (celui de gauche) exclusivement réservé alors pour elle.

(3) Ce n'est guère que dans le cas où l'on n'aurait pas de portemanteau, ni de manteau ou collet à capuchon en caoutchouc, qu'on n'aurait par conséquent qu'une capote-manteau en drap, qu'on pourrait l'attacher sur le prolongement mobile. Le portemanteau, dans l'état actuel, ne saurait être, d'ailleurs, qu'une tolérance, tandis que la capote ou manteau, d'après la décision ministérielle du 17 janvier 1895, doit être roulée et placée en arrière du troussequin de la selle.

Comme pour le contenu d'une caisse à bagages, il doit y avoir, pour le même volume, une limite de compressibilité; nous conseillerons aux capitaines ou autres officiers plus ou moins éventuellement montés et à tous les officiers supérieurs d'affecter, pour les accessoires nécessités par l'entretien d'une monture, un récipient spécial, soit, de la part des premiers, une espèce de trousse portemanteau en cuir, suspendue en bandoulière à l'épaule de l'ordonnance et susceptible d'être attachée sur le dessus d'une cantine ou portée dans le sac de ce dernier en échange d'une partie des effets de celui-ci, lesquels seraient alors admis dans la caisse à bagages de l'officier; ou bien, de la part des officiers supérieurs, une des caisses à bagages compartimentée *ad hoc*, de manière à réserver une place proprement séparée pour les effets de l'ordonnance (au moins ceux de corvée, tels que bourgeron, pantalon de toile, etc.). On pourra y mettre aussi le *Manuel de l'ordonnance* et son carnet, même son livret individuel (1).

NOTA. — L'ordonnance de l'officier monté aura devers lui, séparement, un *inventaire visé par l'officier* de tout l'équipage des chevaux de celui-ci. L'officier en tiendra plusieurs exemplaires dans son carnet.

---

(1) Dans l'un des compartiments de la caisse à bagages affectée à l'ordonnance de l'officier supérieur monté, ou, pour celui des autres officiers montés, dans le sac de cet ordonnance, on pourra caser la provision de fumeur, soit le tabac pour l'officier et son homme de confiance. On sait, à ce sujet, qu'en campagne il est alloué à chaque homme de troupe : 15 grammes par jour au lieu de 10 grammes, et, exceptionnellement, étant donnée la difficulté de se procurer cette denrée, 20 grammes par jour à chaque officier.

Cas où l'officier a un deuxième (1) cheval ou « cheval de main ».

Sur son cheval de main, l'officier doit placer non pas seulement un portemanteau ou une besace, qui s'attache toujours longuement, maladroitement, abîme la selle qui le supporte, tourne et se perd dans une marche de nuit, peut se voler d'autant plus facilement que les cordes qui le fixent se coupent en une seconde, blesse le cheval, force à dépaqueter toutes les fois qu'on veut l'ouvrir et qui joint à ces inconvénients celui d'etre presque toujours fait d'une substance ou d'une étoffe molle, spongieuse et qui ne protège pas les effets de la pluie, mais une paire de bissacs solides en cuir ou en forte toile basanée d'un cuir imperméable. Ces bissacs doivent être de moyenne grandeur et attachés eux-mêmes fortement au troussequin de la selle, munis à cet effet de bons anneaux, cousus par des lanières suffisamment résistantes. Le bissac hors montoir contiendra le linge et les quelques effets d'habillement que nous avons comptés dans le chargement du bissac hors montoir du cheval de l'officier qui n'a qu'une monture, celle montoir, les vivres; on s'arrangera le plus possible pour que les bissacs pèsent également.

---

(1) Tous les officiers d'infanterie, qui ne sont montés qu'en campagne, aux colonies et eventuellement en temps de paix (officiers payeurs, officiers d'approvisionnement) le sont a un seul cheval et n'ont droit qu'à une ration de fourrages, les capitaines de compagnie, les adjudants-majors et les capitaines instructeurs de tir, en paix comme en campagne, n'ont également qu'un cheval a titre gratuit. A l'intérieur, les chefs de bataillon ont également droit à un cheval. Les officiers de tous grades brevetés d'etat-major, en tous temps, et tous les officiers supérieurs d'infanterie, en campagne et en Afrique, sont remontés a deux chevaux. En paix comme en campagne, tous les lieutenants-colonels et colonels doivent en avoir deux.

TITRE II

CHAPITRE PREMIER

Mesures de prévoyance que l'officier peut avoir à prendre à l'égard de sa famille.

OBSERVATION. — Dans l'intérêt des siens, l'officier, avant de partir pour une campagne, peut avoir à faire un testament, à souscrire des délégations de partie de ses appointements, à contracter une assurance sur la vie. Nous donnerons quelques renseignements succincts sur ces diverses opérations.

Assurance sur la vie.

L'officier territorial ou de réserve dans les affaires, a eu souvent la bonne précaution de s'assurer sur la vie.

Il doit en tout temps se bien rendre compte des conditions qu'il doit remplir en cas de guerre, soit à l'intérieur, soit à l'étranger, sur le continent ou outre-mer, pour que sa police d'assurance conserve toute sa validité. C'est surtout au moment où se contracte l'assurance, qu'il faut examiner attentivement les clauses inserées dans la police. Quelques compagnies sont plus libérales que d'autres. Il ne nous appartient pas de les désigner ici.

Procuration.

L'officier de réserve, ou territorial, peut se trouver dans les affaires; il est prudent d'assurer leur cours régulier avant son départ. Pour cela, il fera bien de faire faire à l'avance une procuration par devant notaire.

S'il était surpris par l'ordre de départ sans avoir le temps d'aller chez son notaire, il devra mettre sa signature au bas du verso d'une feuille de timbre à 0 fr. 60, précédée des mots : *Bon pour procuration générale;* l'intéressé la fera remplir ensuite par le notaire, qui y mettra tous les pouvoirs nécessaires, et la déposera au rang de ses minutes pour en donner ensuite autant d'extraits qu'il en faudra.

Du testament.

On distingue trois formes de testaments :

1° Le testament *olographe :* il doit être écrit en entier, être signé et daté de la main du testateur.

2° Le testament *authentique :* il est reçu par deux notaires en présence de deux témoins, ou par un notaire en présence de quatre témoins, dicté par le testateur, écrit par l'un des notaires, relu en présence des témoins et signé par le testateur; les notaires inscrivent mentions expresses de toutes ces formalités.

Le testament *mystique* (secret) : il sera écrit par le testateur ou par un autre et signé par lui. Il sera présenté à un notaire, clos et scellé en présence de six témoins. Le notaire dressera un acte de suscription sur l'enveloppe même, qui sera signé par le testateur, le notaire et les témoins.

Nota. — Ne pas omettre la moindre formalité sous peine d'entraîner la nullité de l'acte; annuler les mots rayés ou ratures au bas de l'acte, mais avant la signature, approuver les renvois, mettre la date en toutes lettres.

De tous ces testaments le plus pratique, le meilleur, est le testament olographe; il doit être écrit en *entier, daté et signé* de la main du testateur, sur feuille de timbre à 0 fr. 60 ou 1 fr. 20. Ecrit sur papier libre il serait valable tout de même, mais entraînerait lors de son enregistrement, une amende de 62 fr. 50, dont le Trésor du reste, fait remise des 9/10, lorsque la demande en est faite par les intéressés.

Nous croyons devoir donner une formule de testament olographe, que chacun pourra modifier à son gré.

Je soussigné (nom et prénoms, domicile), déclare faire mon testament de la manière suivante :

J'institue pour ma légataire universelle en toute propriété ma femme née (nom, prénoms). Je lui lègue tout ce dont la loi me permet de disposer.

En cas d'existence d'enfant, la présente donation se réduira à moitié dont un quart en toute propriété et un quart en usufruit.

En cas d'existence d'ascendant ayant droit à une réserve, ma femme aura même droit à l'usufruit de cette réserve.

Et, dans tous les cas, pour jouir de l'usufruit, elle sera dispensée de caution et d'emploi, à charge de faire faire inventaire.

En outre elle acquittera les legs particuliers suivants :

Je lègue à M. A..., ma bibliothèque, à M. B..., ma panoplie, etc., etc. Tous ces legs seront francs et quittes de toutes dettes et charges, et même de droits de mutation qui seront acquittés par ma succession.

(Date et signature.)

Lorsque les dispositions testamentaires sont compliquées, il est bon de nommer un *exécuteur testamentaire*, ce qui se fait dans les termes suivants :

Je nomme pour exécuteur testamentaire, avec saisine, mon vieil ami M..... et je le prie de recevoir, à titre de diamant, pour les embarras que je vais lui causer (telle chose ou telle somme).

Il est enfin prudent de déposer ce testament, *cacheté et scellé*, entre mains sûres.

Testaments des militaires.

En temps de guerre, aux armées, hors du territoire ou dans une place en état de siège, privée de communications avec l'extérieur, ou pour les prisonniers de guerre à l'ennemi, le testament peut en tout temps être reçu par un officier supérieur en présence de deux témoins ou par deux fonctionnaires de l'intendance, ou un fonctionnaire de l'intendance en présence de deux témoins (art. 981 du Code civil). Il doit être signé par le testateur, les témoins et celui qui a reçu le testament.

Dans les hôpitaux ou ambulances, les testaments sont reçus par l'officier de santé en chef assisté du commandant militaire chargé de la police de l'hôpital ou de l'ambulance. Il doit être donné au testateur lecture de son testament en présence des témoins et mention expresse doit en être faite dans l'acte.

Les témoins doivent être mâles et majeurs, l'un des deux au moins doit savoir signer.

Ne peuvent être témoins : les légataires, les parents ou alliés jusqu'au 4e degré inclus, les commis ou délégués de celui qui reçoit le testament.

MILITAIRES EMBARQUÉS

A bord des bâtiments en mer, les testaments sont reçus en présence de deux témoins, savoir :

A bord des bâtiments de l'Etat, par l'officier commandant ou, à son défaut, par celui qui le supplée dans l'ordre du service. l'un et l'autre conjointement avec le commissaire de la marine ou avec celui qui en remplit les fonctions, en présence de deux témoins;

A bord des bâtiments de commerce, par le capitaine, le maître ou patron assisté de son second, conjointement avec l'écrivain du navire en présence de deux témoins.

Ne peuvent être légataires : 1° les médecins et les pharmaciens qui ont traité le militaire pendant la maladie dont il meurt; 2° les ministres du culte qui lui ont donné les secours de la religion pendant cette même maladie; 3° en mer, les officiers du vaisseau, s'ils ne sont pas parents du testateur.

Les testaments deviennent nuls de plein droit pour ceux qui ont été reçus aux armées, six mois après que le testateur est revenu dans un lieu où il a eu la liberté d'employer les formes ordinaires; pour ceux qui ont été reçus en mer. trois mois après la descente à terre du testateur dans un lieu où il a pu employer les mêmes formes.

Aussitôt après le dépôt des testaments faits à l'armée, les fonctionnaires autorisés à les recevoir doivent les transmettre par la première voie sûre. à l intendant général de l'armée, lequel saisit pareillement la première occasion convenable pour en faire l'envoi au ministre de la guerre. Le ministre les fait déposer au greffe de la justice de paix du lieu du dernier domicile du testateur.

Les dépôts successifs doivent être faits, clos et cachetés avec une enveloppe portant pour suscription le nom, les prénoms, qualités et fonctions du testateur, et, autant que possible, l'indication de son dernier domicile en France.

Le sous-intendant militaire ou l'officier qui a

rédigé l'acte contenant les dernières volontés d'un militaire doit, aussitôt après la mort du testateur et le dépôt du testament, en donner avis, quand il se trouve à portée de le faire, aux personnes qu'il sait y avoir intérêt, pour qu'elles aient à se mettre en règle à cet égard.

Successions des militaires.

A l'intérieur, lorsqu'un officier meurt loin de sa famille, le juge de paix appose les scellés qui sont ensuite levés en présence d'un officier du corps chargé de signer le procès-verbal d'inventaire; la famille est prévenue et les effets du militaire sont vendus s'il y a lieu; le produit en est versé à la Caisse des dépôts et consignations.

Dans le cas où le décédé est officier supérieur, on se conforme à l'arrêté des consuls du 13 nivôse an X et à l'instruction du 13 février 1848, en ce qui concerne les papiers du militaire.

Aux armées, les scellés sont apposés par le sous-intendant militaire; les armes, papiers, décorations sont déposés à l'état-major pour être renvoyés à la famille; les autres effets sont vendus aux enchères publiques par les soins d'officiers délégués; le produit en est versé à titre de dépôt dans la caisse du payeur.

Des délégations.

Les officiers qui font partie d'une armée mobilisée ou d'un corps expéditionnaire opérant à l'extérieur (sauf en Algérie et en Tunisie) ont la faculté de déléguer en faveur de leurs femmes, de leurs ascendants et de leurs descendants jusqu'à concurrence de la moitié de la solde du grade dont ils sont pourvus au moment du départ; ils peuvent également souscrire, au profit d'un autre membre de leur famille ou d'un tiers, des délégations dont le montant ne doit jamais excéder le quart de cette solde.

Les officiers qui veulent souscrire des délégations peuvent en faire, dès le temps de paix, s'ils le jugent utile, la déclaration au conseil d'administration du corps auquel ils appartiennent.

Les déclarations portent énonciation des noms, prénoms, armes, grades ou emplois des délégants, du montant de leur solde de la portion déléguée; de l'époque à partir de laquelle elle doit être payée; des noms, prénoms, demeures et degré de parenté s'il y a lieu, des personnes autorisées à la toucher et de celles qui doivent leur être substituées en cas de mort ou de refus. Les conseils d'administration font mention des délégations qu'ils ont reçues, en indiquant leur montant d'une manière détaillée sur le *livret de solde du corps* ou du détachement dont le délégant fait partie. Cette mention doit être répétée au dos des *lettres de service*.

Lorsque les délégants obtiennent de nouvelles lettres de service, la mention est reportée sur ces nouvelles lettres de service.

Les déclarations de délégation sont adressées par les soins des conseils d'administration au général commandant le corps d'armée où les délégations doivent être payées.

Cet officier général donne aux fonctionnaires de l'intendance les ordres nécessaires pour les paiements, lesquels doivent être effectués par mois et à terme échu.

Mais le montant de la délégation mensuelle souscrite par un officier au profit d'un tiers ou d'un parent autre que la femme, les ascendants et les descendants, n'est ordonnancé qu'après réception, par le fonctionnaire de l'intendance, ordonnateur, du certificat de retenue qui lui est transmis directement par le conseil d'administration du corps dont le déléguant fait partie.

Les dispositions qui précèdent ne sont pas applicables aux militaires de l'armée de terre, payés sur les fonds du budget de la marine ou des colonies, lesquels sont regis par les règlements spéciaux aux troupes de l'armée de mer.

La durée des délégations est déterminée par les déléguants; mais leur effet ne peut se prolonger au delà de la limite d'un mois après la cessation de l'état de guerre; elles cessent également de plein droit à partir du jour où le sous-intendant militaire chargé du paiement est avisé du décès, si elles sont faites en faveur des femmes, des ascendants et des descendants et du jour du decès pour les autres délégations.

Toutefois, la veuve et les orphelins délégataires d'un officier décédé peuvent, après que le sous-intendant militaire de leur région a reçu avis du décès, obtenir sur leur demande adressée à ce fonctionnaire, des avances mensuelles remboursables et égales aux 4/5e de la pension ou du secours annuel auxquels les intéressés pourraient avoir droit d'après le grade du mari ou du père décédé. Ces avances pourront être payées aux veuves et aux orphelins jusqu'à la délivrance de leur titre de pension ou de secours annuel.

Les sommes payées à titre de délégation pour la période postérieure au décès de l'officier déléguant, aux veuves, aux orphelins et aux ascendants sont remboursées dans les conditions suivantes :

Les paiements faits, après le décès du déléguant, à titre de délégation ou d'avance remboursable, à des veuves et à des orphelins de militaires décédés en campagne et reconnus ultérieurement avoir droit à une pension ou à un secours annuel, sont précomptés sur les premiers arrérages de la pension ou du secours, lesquels ne seront payés par les agents du Trésor que sur la production, par les parties prenantes, d'un certificat délivré par le sous-intendant chargé de la remise du titre de pension et indiquant le montant des retenues à faire pour trop perçu à titre de délégation et à titre d'avances.

Quant aux sommes payées pour une période postérieure au décès, à titre de délégation aux ascendants, et à titre de délégation et d'avance à des veuves et à des orphelins délégataires qui n'auraient pas droit à une pension ou à un secours annuel, elles doivent, en principe, être réservées au Trésor par les parties prenantes. Toutefois, sur l'avis motivé du général commandant le corps d'armée de la région où résident les parties prenantes, le ministre apprécie, selon les circonstances et la position de fortune des intéressés, si les sommes perçues doivent être abandonnées, à titre de secours, aux familles des militaires décédés et, par suite, être mises à la charge de l'Etat.

Délégations en captivité.

Lorsque des officiers ont été faits prisonniers de guerre, le ministre de la guerre peut, dans le cas de nécessité absolue, autoriser leurs familles à recevoir la moitié de la solde d'absence.

Les autorisations accordées en vertu de cette disposition ne peuvent avoir d'effet que pour une année, si elles ne sont pas renouvelées.

Ces paiements ont lieu à titre d'avance et la retenue en est opérée sur le décompte de la solde des militaires lors de leur retour en France.

En cas de décès d'un prisonnier de guerre, si les avances reçues par sa famille jusqu'au jour où elle est officiellement informée du décès, dépassent le montant du décompte de la solde d'absence, les paiements effectués sont considérés comme définitifs et le trop-perçu ne donne lieu à aucune reprise.

Les sommes dues aux délégataires sont ordonnancées mensuellement à terme échu et sur mandats individuels.

Les mandats sont établis au titre du corps dont l'officier fait partie.

Les ordonnancements sont subordonnés à la production préalable d'un certificat de retenue quand la délégation est faite en faveur de tiers ou de parents autres que la femme, les ascendants ou les descendants des déléguants.

Les ordonnateurs font parvenir le mandat à chaque partie prenante.

Le reliquat des sommes dues aux officiers des corps de troupe, au moment de leur décès, est payé aux héritiers dans la forme prescrite par le décret sur l'administration intérieure des corps de troupe.

Les délégataires, les personnes autorisées à recevoir des avances sur la solde des prisonniers de guerre, les personnes au profit desquelles il est exercé des retenues pour aliments, doivent être pourvus de *livrets de solde individuels.* Ces livrets de solde sont destinés à recevoir l'inscription en toutes lettres, par les agents des finances, des sommes payées aux parties prenantes individuelles. Ils portent en tête l'indication de l'armée pour laquelle ils doivent servir et, en outre, pour les délégataires et les personnes autorisées à recevoir des avances sur la solde des officiers, les noms, prénoms et résidences des parties prenantes ; les noms, prénoms, grades, emplois et résidences des déléguants ou des militaires sur la solde desquels les avances sont autorisées et la mention des délégations ou autorisation en vertu desquelles les ordonnancements ont lieu.

Les livrets sont fournis gratuitement par l'admi-

nistration de la guerre. Ils sont délivrés par les fonctionnaires de l'intendance aux parties prenantes isolées dont ils ont l'administration au moment où ils établissent le premier mandat au profit d'une personne. Les anciens livrets des parties prenantes isolées sont, au moment de leur remplacement, retirés par les fonctionnaires de l'intendance et conservés dans leurs archives pendant deux ans. Ils sont ensuite incinérés.

Lors du renouvellement annuel des livrets de solde des parties prenantes isolées, les ordonnateurs indiquent sur les nouveaux livrets les sommes qui pourraient rester dues sur les exercices antérieurs, avec l'énonciation des causes qui en auraient fait suspendre ou ajourner le paiement; ils y indiquent également, sous leur responsabilité personnelle, les retenues qui peuvent avoir été ordonnées sur la solde des parties prenantes et qui ne sont pas encore entièrement effectuées (1)

Le fonctionnaire de l'intendance militaire qui délivre un livret, en cote et en paraphe tous les feuillets et y appose sa signature et son cachet. Ce livret doit porter la signature de la partie prenante.

Lorsqu'une personne, au profit de laquelle une délégation a été souscrite ou qui a été autorisée à recevoir des avances sur la solde d'un militaire, fixe sa résidence dans une localité relevant d'un autre ordonnateur et désire recevoir dans sa nouvelle résidence les sommes qui lui sont dues, elle adresse une demande au commandant

---

(1) Tous ces renseignements sont extraits du *Bulletin officiel* du ministère de la guerre, ainsi que de divers ouvrages d'administration et de comptabilité, notamment des suivants édités chez Lavauzelle, Paris et Limoges : 1° *Cours professés à l'Ecole d'administration de Vincennes*; 2° *Recueil administratif ou Code-Manuel Charbonneau*.

du corps d'armée qui donne, s'il y a lieu, les ordres nécessaires.

Nul mandat ou état de solde n'est payable que par l'agent des finances sur la caisse duquel il est tiré.

Le paiement des mandats de solde a lieu à vue; ces mandats délivrés aux parties prenantes isolées sont quittancés par elles. Les quittances apposées sur les états de solde doivent toujours être remplies en toutes lettres et souscrites à la date du paiement.

Si le trésorier payeur général refuse le paiement d'un mandat de solde ou d'un état de solde, pour cause d'omission ou d'irrégularités matérielles, il doit remettre sur-le-champ au porteur la déclaration écrite et motivée de son refus.

Mais si, malgré cette déclaration, l'ordonnateur requiert par écrit et sous sa responsabilité, qu'il soit procédé au paiement, le trésorier payeur général est toujours tenu de déférer à cette réquisition.

CHAPITRE II

Emploi d'un usage pratique de la poste et du télégraphe par l'officier.

Envois d'argent.

Mandats sur le Trésor. — On peut avoir à envoyer en France certaines sommes plus ou moins importantes. On peut le faire sans frais et en tous lieux, aux armées, par l'entremise du service de la trésorerie et postes aux armées.

S'il s'agit, par exemple, d'adresser d'un pays (Tonkin, Dahomey, Madagascar, etc.) où l'on fait partie d'un corps expéditionnaire, mille francs, à un parent ou un ami ou tout autre destinataire à Paris, l'officier établira une *demande de mandat sur le Trésor* de mille francs. Il prendra alors sur le Trésor un mandat de mille francs à l'ordre du parent ou ami dont il s'agit, c'est-à-dire que chez le payeur d'armée, entre les mains de qui il versera la somme de mille francs, il aura à remplir un mandat *ad hoc* portant un numéro et signé du payeur, et ce mandat sera payable à la caisse centrale du Trésor (Palais du Louvre, à Paris).

Mandats postaux. — Le prix des mandats postaux est de 1 centime par franc, pour le service intérieur. Il est de 1 p. 100 et ne peut être inférieur à 0 fr. 25 pour les mandats coloniaux (voir le décret du 26 juin 1878 portant réorganisation du service des mandats coloniaux).

Les mandats dont le montant ne dépasse pas 50 francs, adressés aux militaires ou marins faisant partie du corps expéditionnaire de Madagascar ou adressés à ceux-ci, sont exempts du droit de 1 p. 100 et, en outre, dans les colonies françaises, de la taxe additionnelle représentative du change. (Decret du 15 février 1895.)

Le port des lettres contenant des valeurs déclarées se compose : 1° de la taxe d'une lettre ordinaire ; 2° du droit fixe de chargement de 0 fr. 25 pour la France et les colonies ; 3° d'un droit de 0 fr. 10 pour chaque 100 francs ou fraction de 100 francs des valeurs déclarées, pour les envois de France aux colonies et *vice versa*.

Pour la Tunisie seule, ce dernier droit est de 0 fr. 25. La limite de chargement est 10.000 francs. La perte totale ou partielle des valeurs déclarées entraine le remboursement total ou partiel de ces valeurs. Le maximum des mandats adressés ou délivrés aux militaires et marins français faisant partie du corps expéditionnaire de Madagascar est fixé à 500 francs.

Colis postaux. — Pour la France, le poids des colis postaux est de 3, 5 et 10 kilos, l'affranchissement est obligatoire au départ ; les prix sont de :

3 kilos en gare	....	0 fr.	60
5 — —	....	0	80
10 — —	....	1	25

Pour les colis livrables à domicile ajouter 0 fr. 25 aux taxes ci-dessus pour le factage.

Pour l'Algérie, la Corse et la Tunisie, le poids des colis postaux est de 3 et 5 kilos.

Expédiés de l'intérieur de la France à destination de ces pays aux prix suivants :

3 kilos au port	....	0 fr.	85
5 — —	....	1	05
3 — en gare	....	1	10
5 — —	....	1	30

Les colis adressés à domicile paient 0 fr. 25 en plus des taxes ci-dessus pour factage.

Les colis adressés aux différents ports de la Tunisie paient comme s'ils étaient adressés en gare.

Colonies françaises.

Le poids des colis postaux pour les colonies est de 5 kilos sans coupure et paient les prix suivants :

	fr.	c		fr.	c.
Obock	2	10	Tahiti	6	10
La Réunion	3	10	Congo français	3	10
Sainte-Marie de Madagascar	3	10	Guinée française	3	10
Diego-Suarez	3	10	Côte d'Ivoire	3	10
Nossi-Bé	3	10	Dahomey et dépendances	3	10
Mayotte	3	10	Guadeloupe et Martinique	3	10
Inde française	3	10	Guyane française	3	10
Cochinchine et Cambodge	4	10	St-Pierre-et-Miquelon	4	10
Annam et Tonkin	4	10	Sénégal	1	60
Nouvelle-Calédonie	4	10	Soudan français	7	60

Les colis postaux pour le Soudan sont dirigés sur le port de Dakar, d'où ils peuvent être réexpédiés d'office sur Kayes moyennant une surtaxe de 6 francs à percevoir sur le destinataire.

Sauf le cas de force majeure, la perte, la spoliation ou l'avarie d'un colis postal donnera lieu, au profit de l'expéditeur, et, à défaut ou sur la demande de celui-ci, du destinataire, à une indemnité correspondante au montant réel de la perte, de l'avarie ou de la spoliation, sans que cette indemnité puisse toutefois dépasser :

15 francs pour les colis postaux de 3 kilos.
25 — — — 5 —
40 — — — 10 —

NOTA. — Les colis postaux peuvent être acceptés pour toutes les localités du Tonkin, à charge par les destinataires de faire prendre leurs envois à Haïphong. Les colis postaux peuvent être acceptés pour toutes les localités de l'Annam, à charge pour les destinataires de faire prendre leurs colis à Tourane ou à Quinhon.

Les colis postaux à destination des colonies ne doivent pas dépasser le volume de 20 décimètres cubes, ni mesurer plus de $0^{m},60$ de longueur.

Service des télégraphes.

Tarifs. — Pour la correspondance télégraphique entre la France continentale et la Corse et entre l'Algérie et la Tunisie et la principauté de Monaco, le tarif est de 0 fr. 05 par mot, sans que le prix de la dépêche puisse être moindre que 0 fr. 50.

TAXE TÉLEGRAPHIQUE POUR LES COLONIES.

COLONIES.	TAXE PAR MOT.	PRIX.
		fr. c.
Algérie et Tunisie....	De 1 à 10 mots..........	1 »
	Au delà de 10 mots, et sans limite, par mot....	» 10
Indo française........	Par mot de 10 lettres....	4 50
Cochinchine et Cambodge............	— 10 —	5 75
Annam	— 10 —	6 65
Tonkin..............	— 10 —	7 15
Saint-Pierre et Miquelon..............	— 10 —	1 25
Guadeloupe..........	— 10 —	14 30
Martinique..........	— 10 —	14 70
Sénégal............	— 15 —	2 50
Grand-Bassam......	— 15 —	6 30
Kotonou............	— 15 —	7 80
Gabon	— 15 —	8 40
Madagascar.........	»	

Postes. — Une loi du 30 mai 1871 accorde la franchise postale aux militaires faisant partie des corps d'armée de terre et de mer en campagne.

Mandats télégraphiques. — On peut employer le télégraphe pour l'envoi de fonds en France (Corse, Algérie et Tunisie comprises) jusqu'à concurrence de 5.000 francs.

Le tarif est de 1 p. 100 de la somme versée, ajouté au prix de la transmission télégraphique d'après le tarif des télégrammes ordinaires; l'expéditeur doit acquitter en outre une somme fixe de 0 fr. 50 pour l'avis donné au titulaire du mandat par le bureau télégraphique de destination, et 2°, s'il y a lieu, les frais d'exprès.

Cryptographie.

L'officier peut avoir besoin de correspondre très brièvement soit par télégramme, soit par lettre, pour éviter des frais ou pour profiter d'un instant très court ne lui laissant pas le loisir de donner de grands détails.

Nous donnons ici une méthode de correspondance secrète qui pourra être très utile en bien des circonstances.

L'officier écrit une série de phrases se rapportant à la situation et en remet le double à la personne avec laquelle il veut correspondre. Ces phrases sont distinguées, chacune, par une lettre minuscule de l'alphabet; on a pensé, en effet, qu'avec un alphabet de 25 ou 26 lettres seulement, on disposera d'assez de ressources pour échanger les correspondances les plus complètes avec le minimum de mots, car il ne faut pas perdre de vue que le prix des télégrammes n'est pas partout le même et qu'il varie et notamment augmente avec les divers pays du monde, autrement dit, surtout s'il s'agit des colonies, avec les grandes distances à parcourir, lesquelles peuvent aussi n'être pas toujours comprises dans des limites exclusivement nationales.

Avec un seul jeu de 25 ou 26 lettres minuscules et une addition de la numération écrite en chiffres ordinaires, en y ajoutant, s'il est nécessaires, certaines conventions ou signes les plus habituels, on aura donc un champ plus que suffisant pour satisfaire aux combinaisons les plus économiquement utiles.

Les deux correspondants pourront, par exemple, se partager un alphabet de 26 lettres, y compris le W et établir à l'avance quelques phrases conventionnelles à échanger entre eux. Chacun aura par devers lui un exemplaire du *chiffre*. L'addition de quelques chiffres arabes, noms propres et de certains signes conventionnels, par exemple d'un *souligné*, permettra de correspondre avec les siens d'une manière aussi prompte et aussi intéressante que possible.

Nous donnons ci-après, à titre d'exemple, une série de phrases pouvant être considérées comme usuelles en campagne. Mais auparavant nous croyons qu'il était utile d'indiquer ici les tarifs télégraphiques les plus utiles à connaître pour les voyages.

Il va sans dire que, dans le partage, entre correspondants, des lettres de l'alphabet qui devront représenter des phrases, les lettres pourront varier dans l'ordre des phrases auxquelles elles sont afférentes, suivant les conventions, il n'est pas absolument nécessaire qu'on dresse à l'avance des réponses correspondant invariablement aux dépêches expédiées; l'essentiel c'est qu'on s'entende. Tout dépend des conventions.

Cryptographe.

TÉLÉGRAMMES DE L'OFFICIER A SA FAMILLE.	TÉLÉGRAMMES CORRESPONDANTS DE LA FAMILLE.
a) Nous avons eu un léger engagement. l'ennemi a été repoussé. Nos pertes sont insignifiantes.	*o*) Toute la famille se porte bien. Nous faisons les vœux les plus ardents pour que le succès ne vous abandonne pas et pour que vous sortiez de cette entreprise avec gloire et prospérité personnelle.
b) Nous avons rencontré l'ennemi en force, on s'est canonné et fusillé de loin de part et d'autre, mais sans en arriver a s'aborder. Affaire indécise; demain sans doute ou un autre jour prochain ne se passeront pas sans quelque affaire sérieuse.	*p*) Merci de vos nouvelles. Bonne chance pour la reprise des opérations. Nous sommes tous bien portants et attendons avec confiance le résultat de la prochaine affaire.
c) Nous avons repoussé l'ennemi sur toute la ligne, ses pertes sont énormes, les nôtres sont sérieuses.	*q*) Nos félicitations pour cette victoire qui nous rend tous heureux. Puissiez vous avoir le même bonheur jusqu à la fin de la campagne. Toute la famille va bien.
d) Nous avons subi un petit échec, une partie de nos troupes a dû reculer ou fléchir. L'ennemi nous a fait des prisonniers. Nos pertes sont peu considérables.	*r*) Reçu votre télégramme mentionnant un léger échec. Espérons qu'il n'aura pas de suite compromettante pour le reste de la campagne. Nous sommes largement dédommagés par la pensée que vous êtes sain et sauf.
e) Après un combat acharné qui a duré plusieurs heures, une partie de nos troupes a dû abandonner ses positions. Nos pertes sont assez sérieuses. Nous attendons du renfort pour reprendre l'offensive. Je suis sain et sauf.	*s*) Reçu votre télégramme annonçant votre insuccès et les pertes sérieuses qui s'en sont suivies. Dieu veuille qu'à la reprise de l'offensive vous soyez plus heureux.

f) J'ai été légèrement blessé et *puis* ou suis en état de *continuer à faire mon service.*

h) J'ai été de nouveau blessé mais pas trop grievement, néanmoins je suis à l'ambulance

i) J'ai été fait prisonnier. Je suis à..... et pense ultérieurement être dirigé sur.....

j) J'aurais besoin d'argent. Envoyez-m'en par le consulat de *telle* puissance (1).

k) Je suis malade et suis actuellement en traitement à l'hôpital ou a l'ambulance de.....

l) Je suis convalescent et serai évacué ou rétabli dans quelques jours.

m) Prévenez ma famille.

n) Je désirerais la voir s'il

t) Nous apprenons par les dépêches officielles qu'il vient d'y avoir un très grand engagement, qu'il y a eu des pertes sensibles. Télégraphiez-nous des que vous en aurez le moyen a votre portée. Nous sommes anxieux.

u) Reçu avis de votre blessure, nous sommes rassurés par l'idée que vous pouvez continuer à faire votre service.

v) Nous sommes inquiets au sujet de votre blessure, veuillez nous télégraphier si vous courez du danger et quand nous pourrons avoir des nouvelles plus explicites.

w) Ou devez-vous être conduit en captivite. Donnez nous au plus tôt de vos nouvelles; particulièrement des renseignements détaillés et sur les circonstances de votre capture et sur le lieu ou vous êtes interné. Etes-vous bien traité ?

x) Nous venons de vous expédier de l'argent à.....

y) Nous sommes fort inquiets de ne pas avoir reçu de vos nouvelles depuis le..... qu'êtes-vous devenu

z) Soyez sans inquiétude sur le compte de..... mala-

(1) On peut préciser la quantité ou la somme d'après les correspondances anterieures ou bien des conventions.

doit me rester encore assez de temps pour cela et si elle peut venir. Il faut s'attendre à tout en ce qui concerne l'issue de ma maladie.

de. Il (ou ils) est (ou sont) rétablis ou du moins hors de danger.

Exemple de dépêche télégraphique. Pour mieux montrer la grande utilité, en tout état de cause et en toutes circonstances, de ce système de cryptographie (par exemple dans le cas ou la famille, ayant changé de résidence, elle aurait omis, dans sa correspondance, d'en donner avis à ses correspondants) nous ferons l'exemple suivant de télégramme ; on peut supposer qu'il est adressé à un intermédiaire, comme par exemple le notaire de la famille :

« Tabellionard, 23, Richelieu, Paris, pour famille Chauvin Chjn Yuoc. Chauvin »

Le destinataire, se reportant au tableau qui lui aura été remis par l'intermédiaire de la famille, lira :

Nous avons battu (ou repoussé) l'ennemi sur toute la ligne. Cette action a eu lieu à Yuoc (1). Les pertes de l'ennemi sont énormes, les nôtres sont sérieuses ; j'ai été blessé mais pas trop grièvement ; néanmoins je suis à l'ambulance. Envoyez-moi de l'argent. Prévenez ma famille. Chauvin.

Ainsi au moyen de sept mots, dix au plus, on aura expédié une dépêche qui, pour être suffisamment intelligible et explicite n'en contiendrait pas moins de 57 (ou 27 seulement, si l'on suppose un emploi judicieux des abréviations accoutumées) et l'on a pu mettre son correspondant très nettement au courant de la situation (1);

(1) On remarquera — et cela est utile à savoir au point de vue des *réponses payées*, qu'on peut avoir affaire aux télégrammes envoyés par l'officier — que la précision dans les indications

qu'il s'agisse, par exemple, d'un télégramme adressé du Tonkin en France, elle coûterait ainsi, 50 fr. 05 au lieu de 189 francs.

Les deux correspondants peuvent avoir besoin de la cryptographie non seulement dans les communications télégraphiques, mais encore dans toute façon de correspondance.

Aussi il est bon, avant toute communication ou échange de nouvelles, entre correspondants, de convenir du système choisi par eux et s'entendre sur la clé à adopter. De tous les systèmes, nous recommandons comme étant le plus sûr, c'est-à-dire le plus difficile à déchiffrer, le suivant, dont nos pères se servaient de préférence aux époques de troubles intestins ou pendant les guerres de religion.

« On prend, de part et d'autre, un volume déterminé et l'on procède de la façon suivante : On cherche dans le livre le numéro des pages dont la première lettre est par exemple : *V*, *e*, *n*, *e*, *z*, et on envoie le numéro de ces pages à son correspondant. Celui-ci n'a qu'à chercher sur son exemplaire les lettres qui commencent les pages indiquées et à les transcrire à la suite les unes des autres. La réunion de ces lettres forme l'avis envoyé. Exemple : les pages 2, 11, 21, 7 d'un livre choisi commencent par *v*. *e*. *n*. *e*. *z*., le correspondant n'aura aucune peine à reconstituer la dépêche qui lui est envoyée puisqu'il lira *v* à la page 2, *e* à la page 21, etc., ce qui lui donnera : « Venez. » (Almanach Hachette, page 475.)

La légation de Siam à Paris n'emploie jamais d'autre procédé.

---

a beaucoup moins d'importance de la part de la famille, à la condition, toutefois, que ces réponses, qu'on peut principalement considérer à la fois comme des accusés de réception et des occasions de donner plus rapidement signe de vie, soient suffisamment claires sans pour cela être invariablement banales.

DEUXIÈME PARTIE

TITRE Ier

Campagne hors d'Europe.

CHAPITRE Ier

Précautions à prendre en vue d'une route ou d'une mission, d'une colonne, d'une expédition.

EN AFRIQUE ET EN ASIE, SPÉCIALEMENT EN ALGÉRIE, TUNISIE, SOUDAN, SÉNÉGAL, ÉTABLISSEMENTS DU BÉNIN, MADAGASCAR, ETC., ET EN INDOCHINE (COCHINCHINE, ANNAM, TONKIN).

Effets et objets dont l'officier doit toujours être pourvu.

A) Effets d'habillement,
B) Effets de lingerie,
C) Chaussures,
D) Armes, munitions, effets d'équipement,
} comme en Europe.

E) Bibliothèque de campagne (parmi les livres à emporter).

F) Comme en Europe :
Attirail de chasse,
Effets et objets de campement,
Moyens de couchage.

NOTA. — Les récipients tels que les caisses à bagages et les cantines à vivres devront être pourvus d'anneaux de façon a en faciliter l'arrimage à dos de mulet.

Tente.

Description de la bonne tente d'officier dite « MARQUISE »

Une tente doublée, forme dite *marquise*. Les meilleures sont faites en coutil bleu rayé de blanc, fil et coton La doublure, qui est généralement en coton, en calicot ou en perse de couleur, est indispensable pour préserver de l'humidité glaciale des nuits et de la chaleur brûlante du jour; afin que la pluie qui viendrait à tomber ne tamise pas et ne pénètre pas dans l'intérieur, une fois la tente dressée, il faut que la doublure soit un peu lâche, c'est-à-dire n'adhère pas étroitement à la toile extérieure. Elle n'en suffit pas moins à arrêter l'eau qui filtre de celle-ci et fait qu'elle coule entre les deux étoffes. Cette tente est très légère et pourtant solide; les montants, les traverses et les douze piquets sont en chêne; les parties où les traverses et le montant viennent tendre la toile en la traversant de leurs petits bouts amincis, sont fortement basanées en cuir fauve. Des œillets en laiton, appliqués sur des bordures en toile à voile ou de sparterie, servent à lacer les ouvertures de la tente de manière à produire une fermeture pour ainsi dire hermétique (voir ce mode de lacet). On pourrait avoir de préférence des montants et des traverses en bambou d'Indo Chine. Les petits piquets doivent être, au contraire, en bois aussi dur que possible. Pour rendre la tente-marquise encore plus facile à transporter et plus légère; pour en réduire, en un mot, le poids de 6 à 7 kilos, on scie les traverses et le montant par le milieu; on réunit les morceaux en les plaçant bout sur bout par le moyen de bonnes charnières bien vissées et de crochets avec pitons, fixés du côté opposé à celui où l'on place les charnières. Ce montant et ces traverses ont le premier 1^{m},80 et les secondes 0^{m},50; on plie ces bâtons et on les lie ensemble ainsi que les douze piquets de tente, avec une courroie, le tout est roulé et serré dans la toile de la tente. Pour monter la tente, on enlève d'abord, avec le montant le sommet de la tente; le long de ce montant on fait glisser de bas en haut un petit manchon en bois que l'on arrête au moyen d'une cheville transversale perçant le montant à la hauteur des quatre coins basanés du chapiteau de la tente; on enfile respectivement ces coins avec l'un des bouts de chacune des quatre traverses et l'on introduit l'autre bout dans l'un des quatre trous correspondants pratiqués dans le manchon en bois. On peut relever un des pans rectangulaires de la tente qui forme la porte d'entrée, jusqu'à ce qu'elle soit horizontale, en en soulevant les deux extrémités par deux petits montants.

Manière de dresser une tente-marquise.

Pour dresser ces petites tentes, il faut être trois ou deux au moins.

Le montant central et les traverses figurent la charpente d'une maison de forme dite à toiture à quatre pans.

Au bas de la tente et au bord, il y a des cordes doubles qui ont de 15 à 20 centimètres de longueur pour fixer solidement la tente au sol par le moyen des douze piquets; ces cordes sont placées de distance en distance; il y en a une à chaque extrémité dans la longueur de la tente, deux à chaque coin des portes; ce sont les piquets principaux.

Tandis qu'un des trois hommes chargés de dresser la tête soutient à l'aide du maintien le le montant vertical, le faîte de la tente, les deux autres prennent chacun un piquet et un maillet ou une hache de campement, et vont aux deux extrémités de la tente, en dehors, prendre la corde qui est juste dans une des directions diagonales des traverses et tirent chacun de leur côté, afin que les piquets, passés dans l'anneau de cette corde, soient plantés exactement aux deux extrémités de la même diagonale. Ils prennent ensuite les cordes qui sont aux autres angles opposés, puis celles des portes, plantent les piquets; cela fait, celui qui est dans l'intérieur peut sortir; un seul finit le travail. On creuse ensuite un petit fossé autour de la tente, extérieurement, et tout à fait au bord de la toile qui pose sur le sol; on couvre même ce bord d'une partie de la terre sortie du fossé. Ce bord extrême de la toile est prolongé par une sorte de retroussement sur lequel on jette la terre et qui est d'ailleurs en toile grossière d'emballage et qu'on nomme *toile à pourrir*. Avant de monter la tente, il faut avoir soin de fermer les portes. C'est absolument le même travail qu'on exécute pour monter les grandes tentes venant du campement.

Nota. — Avoir des piquets de rechange, car on en casse souvent et le bois est difficile à trouver en colonne, se servir d'une masse pour les enfoncer; il faut donc une masse; les piquets et la masse sont enfermés dans un sac moitié cuir et moitié forte toile.

Avoir, en second lieu, une paire de cantines aussi légères que possible, de mêmes dimensions, afin de pouvoir mieux s'arrimer ou s'équilibrer, sur l'animal de somme, chameau ou mulet, qui les portera. Ces cantines sont à coins, garnis de ferrure en tôle, cadenassées et garnies sur la paroi extérieure, qui doit être appuyée au bât de transport, de deux fortes chaînes au moyen desquelles on les suspend aux crochets du bât du mulet. (Voir dans l'*Aide-mémoire pour les equipages regimentaires et d'état-major* (1) la description de ce bât.)

Dans l'intérieur de chaque cantine, à chaque coin, on applique, cloue ou vissé, un contrefort triangulaire dont l'extrémité inférieure traverse le fond de la cantine et le dépasse de quelques centimètres, de manière à l'exhausser en l'isolant de l'humidité du sol. On peut même surélever encore ces cantines, en attachant, aux quatre pieds ainsi formés, d'autres morceaux de bois suffisamment longs et de semblable grosseur. Nous avons vu des cantines où, dans les extrémités des quatre contreforts, était pratiqué un écrou. Dans cet écrou on vissait simplement des bouts de pieds faits *ad hoc*.

Les cantines bien faites et commodes ont deux seconds couvercles en planches, s'ouvrant chacun d'un côté différent; ces seconds couvercles servent à figurer une table : ainsi on place les deux caisses cantines vis-à-vis l'une de l'autre, en laissant entre elles un vide égal à la largeur des doubles couvercles que l'on rabat; on plante deux piquets aux endroits où les bords de ces couvercles doivent se joindre, pour les soutenir. Ce système double la surface qu'aurait la table si seulement on avait les deux coffres rapprochés; on peut organiser sur le dessus de ces seconds couvercles une petite clavette plate qui assure mieux leur jonction après le rabattement.

NOTA. — Le couvercle des cantines d'Afrique, destinees à être portées a dos de mulet ou de chameau, doivent avoir une certaine inclinaison, pour que l'eau de pluie soit rejetee

(1) Equipages régimentaires et d'état-major : *Aide-memoire à l'usage des officiers d'infanterie et de cavalerie*, par L. Delhomme, capitaine d'artillerie. — Paris, 1893, Henri-Charles Lavauzelle, éditeur.

des deux côtés extérieurs du chargement. Il est bon de protéger les couvercles contre les altérations pouvant résulter des pluies, au moyen de morceaux de toile goudronnée ou imperméable, clouée sur leur pourtour. Il peut arriver en effet qu'on ne dispose pas de bâches en suffisance. Des crochets carrés aux cantines, placés sur les petits côtés de la caisse, peuvent servir à soutenir les brancards latéraux enfilés dans la grosse toile qui forme le lit de campagne de la façon ci-après :

Moyens de couchage.

Une forte toile ou sangle de lit, d'une longueur de 1m,90 à 2 mètres, et d'une largeur de 1 mètre à 1m,20, constituera le moyen de couchage principal ; seulement, sur toute la longueur des deux grands côtés du rectangle formé par ce morceau de toile, est pratiquée une coulisse dans laquelle on puisse enfiler un bâton de la grosseur d'une hampe de drapeau. Ces bâtons peuvent être en bambou d'Indo-Chine, car cette espèce de jonc creux est tout ce que nous connaissons à la fois de plus solide et de plus léger. D'un côté (celui de la tête), l'extrémité de ces bâtons repose sur deux crochets carrés placés sur les petits côtés de la cantine; de l'autre, on les appuie soit sur l'autre cantine, également pourvue de crochets, soit sur un « pied » en bois confectionné tout exprès. Sur cette toile ainsi tendue et faisant office de sommier, on étend un petit matelas cambodgien de l'épaisseur de 4 à 5 centimètres pouvant se rouler jusqu'à la grosseur d'une couverture de voyage. A défaut de ces petits matelas, qu'il est si facile aujourd'hui de se procurer, soit directement, soit par l'entremise des camarades stationnés en extrême Orient, on se contente de deux bonnes peaux de moutons, en suint, c'est-à-dire un peu lavées sans être apprêtées. Ces peaux sont indispensables pour se garantir dedouleurs et, pour de vrais officiers de guerre, doivent largement suffire. Mais on n'est pas toujours en expédition proprement dite; on peut avoir à voyager de la façon la plus pacifique, ne fût-ce que pour faire de la topographie; en pareil cas, nous ne voyons pas pourquoi on ne se donnerait pas un peu plus de bien-être; on ajouterait alors, pour compléter le couchage, une paire de draps, une couverture, un oreiller en crin ou en lanières de bambou. Il faut avoir deux espèces de sacs ou enveloppes en toile pour contenir, l'une le couchage, l'autre la tente.

A propos de couchage, on remarquera que dans la nomenclature des bagages de l'officier, il n'est question ni de tente, ni de lit; une place est seulement réservée dans la caisse, pour une couverture du poids de 2 kilos. Les officiers ont donc à s'ingénier pour s'assurer un moyen de couchage qui les mette à même de s'isoler du sol. C'est pourquoi nous nous croyons fondé, par une bonne expérience, à indiquer ici les procédés en usage, principalement en Afrique. Du reste, le champ est assez vaste pour donner carrière à toutes les imaginations, comme à tous les besoins, puisque encore, aujourd'hui, aucune réglementation précise, concernant le matériel des officiers, n'a été édictée. Même à propos des plus récentes entreprises coloniales, plutôt que de réglementer, pour l'officier, un type quelconque de matériel de campement, l'État se borne à seconder, à cet égard, l'initiative de l'officier, en mettant seulement à sa disposition, et contre remboursement, des tentes dites *de marche*, au cas où il n'aurait pas eu le temps ni la faculté de s'en prémunir, lui laissant toute liberté pour le choix de leur aménagement.

Depuis longtemps déjà, dans la pratique de cette question, en ce qui concerne l'officier, voici ce qui se passe, par exemple, en Afrique : Les officiers de troupe, s'ils ne possèdent pas une tente ou qu'ils n'aient pas eu le temps de s'en procurer, soit qu'ils viennent de débarquer en Afrique, soit pour toute autre raison, en prennent une au « campement » sur un bon qu'ils signent. Le plus souvent, en pareil cas, ils préfèrent se faire céder une tente hors de service, ou bien acheter quelques mètres de bonne toile et s'en faire confectionner une par des hommes de leur troupe. Il y en a beaucoup qui s'entendent à merveille à ce genre de confection, à défaut même de tailleurs ou de cordonniers, et qui vous fabriquent en quelques heures une tente « en bonnet de police » c'est-à-dire, ayant la forme d'une toiture ordinaire de maison. Toute la main-d'œuvre ne consiste qu'en quelques trous, plus ou moins bien ourlés, sur les côtés inférieurs, pour l'attache des cordes et dans la couture de morceaux de courroies en cuir, provenant de vieux contre-sanglons, et de quelques boucles pour en faire la fermeture.

Par une circulaire n° 2 du ministre de la guerre, du 16 février 1895, les directeurs du service de l'intendance de la 15e région et du 19e corps d'armée, ont reçu l'ordre, à propos de l'expédition de Madagascar, de constituer, à Marseille et à Philippeville, une réserve de tentes de marche pour les besoins des officiers du corps expéditionnaire; les officiers pourront toucher ces abris, à charge de remboursement, dans les ports d'embarquement.

Les officiers subalternes n'ont droit qu'à une seule tente pour deux; à ce matériel d'abri et de couchage, on peut joindre une bande de toile chinée, destinée à isoler les hommes du sol lorsqu'ils sont couchés. Cette toile fait, du reste, partie de la nomenclature des effets et objets coloniaux.

---

(1) Voir la circulaire ministérielle du 17 janvier 1895.

En fait de couchage, le *Bulletin de la Réunion des Officiers* a décrit, il y a une quinzaine d'années, un système de lit de campagne portatif, qui se distingue par sa simplicité et sa légèreté, il ne pèse que 1200 grammes; plié, il forme un rouleau de 0m,50 de long sur 0m,12 d'épaisseur. « Ce petit meuble, dit le commandant Dumont (*l'Infanterie en campagne*), qui pourrait être porté par l'officier lui-même ou par son ordonnance, se compose d'une toile, encadrée d'un côté par le sabre de l'officier, de l'autre par une canne (l'officier d'infanterie en porte habituellement en campagne); un montant en bambou articulé et une traverse en bois léger complètent l'encadrement. La tension longitudinale de la toile est exercée au moyen de cordes et de piquets. On pose la tête du lit sur la cantine, ou, à défaut, sur des pierres, du bois, des mottes de gazon, un meuble, etc., etc.; on assujettit de même le pied du lit, et le système se trouve solidement monté. »

Les officiers anglais font usage d'une valise-lit, très simple et très pratique, imaginée par le général Wolseley. Elle se compose d'une enveloppe imperméable qui peut se dérouler et s'étendre sur le sol pour servir de couchette. Déroulée, elle a 1m,83 de long et 0m,75 de large; une poche de 0m,23 de diamètre est destinée à contenir les objets d'habillement et de toilette et sert de traversin. L'enveloppe est doublée en grosse serge ouverte à une extrémité, afin d'y introduire du foin, de la paille, de l'herbe ou des feuilles sèches, etc., pour former matelas.

Cette valise peut contenir : 1 manteau imperméable, 1 pantalon, 2 chemises de flanelle, 2 caleçons, 1 paire de bottes, 1 nécessaire de toilette, 1 couteau, 1 fourchette, 2 assiettes en étain, 1 coupe en étain, 1 lanterne, 1 boîte à allumettes, 1 écritoire, etc.; roulée et bouclée, la valise-lit se fixe sur le bât au moyen de courroie à anneaux de fer. Un mulet porte facilement six ou sept de ces valises.

Mobilier complémentaire de campagne.

Outre les moyens d'abri et de couchage, il faut à un officier obligé de camper : 1 *pliant*, 1 *table à X pour écrire*, 1 *lampe marine*. (Ce dernier objet doit être pourvu d'une armature en cuivre; de cette façon on évite toute chance de verre cassé). 1 bande de toile chinée, 1 moustiquaire (carré de gaze de 2 mètres sur 2 mètres).

Dans les colonnes du Sud algérien, comme dans la plupart des colonies d'outre-mer, il est indispensable d'avoir au moins un voile de gaze, tant pour les cantonnements que pour les bivouacs, où les moustiques ne laissent de repos ni jour ni nuit.

Il est important de joindre à ce mobilier, c'est-à-dire, d'avoir à portée de l'y joindre, par un petit support adapté en permanence au montant de la tente en manière de piédestal, un petit réveil-matin retenu par une chaînette. On aura soin de plaquer, si on en a un, sur le montant principal de la tente, pour le cas où il y aurait nécessité d'avoir de la lumière de nuit, un bougeoir pneumatique, allumé ou non, que, dans tous les cas, on serait prêt à allumer à la lampe marine. Il est encore bon d'avoir, ne fût-ce que pour faire chauffer rapidement du thé ou du café dont on aurait besoin, une petite lampe ou fourneau à esprit-de-vin. Cela ne sera pas nécessaire quand il fera froid, et dans les pays chauds (où souvent les nuits sont aussi glaciales que les jours sont brûlants et où l'on éprouve le besoin d'entretenir du feu la nuit) pour chauffer et aussi assainir l'air de sa tente. Dans ce cas, on fait creuser un trou dans la terre, vers le milieu de l'intérieur; on y met la petite gamelle en tôle de fonte que nous avons appelée *brasero* et on la remplit de braise allumée provenant du feu de son bivouac. On a ainsi du feu et, par suite, de la lumière en même temps que de la chaleur, pour toute la nuit.

NOTA. — Il ne faut jamais oublier de disposer à portée de sa couchette, soit sur une cantine ou sur telle autre place réservée pour cela, notre *ramasse-tout*.

Dans beaucoup de nos colonies, comme au Tonkin, par exemple, et même dans certaines contrées de l'Afrique, on a bien plus à cantonner qu'à bivouaquer, c'est-à-dire qu'on a moins à s'occuper de certaines commodités, touchant l'abri proprement dit; mais les ustensiles essentiels pour un Européen et certains effets de mobilier à leur usage habituel trouvent toujours, pour lui et en tout lieu, un emploi pour ainsi dire indispensable. De ce nombre est, par exemple, la *moustiquaire*, mais on peut, à son défaut, et particulièrement dans un abri tel qu'une maison, baraque, gourbi, *cagna* ou toute autre construction plus ou moins faite en matériaux autres que de la simple toile, on peut, disons-nous, se défendre contre les attaques continues des moustiques autrement qu'avec une moustiquaire, dont le désagrément est aussi de vous faire, pour ainsi dire, étouffer, quand on est réduit à s'en envelopper trop étroitement.

Les moustiques sont peut-être la plus grande incommodité des pays chauds, car si, par une ventilation intelligente et surtout un éventement complet (à l'aide de bons courants d'air habilement ménagés ou au moyen de *pancah* bien manœuvrées, voire avec de simples éventails), on parvient, relativement, à se donner un peu de fraîcheur; la nuit, à moins de se murer hermétiquement au risque de s'asphyxier, il est souvent bien difficile de se garantir absolument des harcèlements exaspérants des moustiques.

On a essayé de bien des moyens soi-disant préservatifs. En voici un que nous avons quelquefois employé, étant à bout d'exaspération et grâce auquel nous avons pu nous procurer quelque repos.

On prend un ou deux morceaux de verre, plus commodément une lanterne, au pis aller, un grand verre à boire, au fond duquel on organise ce que l'on appelle « une veilleuse »; on enduit ce verre d'une assez forte couche de mélasse ou bien de sucre fondu et l'on place ce verre dans un angle de la pièce où l'on couche. On masque cette veilleuse à sa vue par un écran formé soit avec une couverture, soit avec une planche ou tout autre moyen d'interception des rayons lumineux; les moustiques qu'attire toujours la lumière, ne manquent pas de voltiger de préférence autour de la lanterne jusqu'à ce que, s'étant pris inévitablement dans la mélasse, ils ne puissent plus s'en échapper. Ils finissent ainsi par s'y prendre tous jusqu'au dernier.

Livingstone, dans son dernier voyage, se garantissait de la morsure des insectes au moyen d'une moustiquaire disposée en angle dièdre à la façon d'une toiture et soutenue par deux piquets et des cordes allant de l'un à l'autre.

Après les tourments occasionnés par la morsure des insectes, l'un des plus intolérables est celui de la soif pour les pays excessivement chauds. « Serpa Pinto parle d'une plante africaine, le *moncouri*, qui assure le voyageur contre les dangers de mourir de soif; c'est, dit-il, un vrai trésor pour celui qui traverse les déserts arides du sud de l'Afrique centrale. Le moncouri est un arbuste de 60 à 80 centimètres, produisant à l'extrémité de ses radicelles des tubercules spongieux qui fournissent un liquide insipide mais propre à désaltérer (1). »

---

(1) *Hygiène des Européens dans les pays intertropicaux*, par le docteur Maurice Nielly, professeur à l'Ecole de médecine navale de Brest.

CHAPITRE II

Recommandations générales bonnes à observer et surtout utiles dans une expédition coloniale.

Le regretté colonel Gillon, commandant le 200e régiment d'infanterie avant son départ pour l'expédition de Madagascar, dont il ne devait malheureusement pas revenir, oubliant sa santé déjà compromise pour ne penser qu'à la sauvegarde des hommes dont le commandement lui était confié, fit remettre à ses soldats la note suivante, concernant les mesures d'hygiène qui doivent être observées au cours de cette campagne :

« A Madagascar, vous aurez à vous défendre contre trois ennemis bien plus redoutables que les Hovas : le soleil, les fièvres et la dysenterie.

» Contre ces trois ennemis, vous avez le casque, l'eau bouillie et la ceinture de flanelle.

» Vous ne devez jamais sortir sans casque, car, même sous un ciel nuageux, le soleil est mortel. Dans les haltes ne vous couchez jamais sur la terre, qui est plus chaude que l'air et vous empoisonnerait par ses miasmes. Bornez-vous pour vous reposer à vous asseoir sur le sac.

» Vous ne sortirez jamais à jeun et ne boirez que de l'eau bouillie avec du thé ou du café.

» Pour éviter les refroidissements du ventre et conséquemment la dysenterie, vous ne quitterez point votre ceinture de flanelle.

» Voilà ce qu'il faut faire.

» Ce qu'il ne faut pas faire, sous aucun prétexte, c'est boire de l'alcool et manger des fruits qui, même s'ils ressemblent aux nôtres, renferment de violents poisons.

» En suivant ces recommandations, vous reviendrez en France pour la récompense de vos victoires (1). »

---

(1) Observations faites par le général Dodds, qui a commandé l'expédition du Dahomey, sur les moyens d'atténuer pour les troupes les fatigues et les dangers inhérents à toute campagne ou opération de guerre pratiquée en pays tropical.

TITRE II

Renseignements utiles en temps de guerre.

CHAPITRE PREMIER

Observation. — Tous les renseignements ci-après, ayant un caractère et un intérêt essentiellement privé et personnel, devront trouver principalement leur place dans la caisse à bagages, et, dans celle-ci, dans le récipient que nous appelons *la cassette.*

Etat civil du titulaire.

Noms :
Prénoms :
Qualité :
Date de la naissance :
Lieu de la naissance :
Département :
Adresse habituelle :

Signature du titulaire :

Valeurs possédées par le titulaire.

Rente française :
Nos des titres :

Actions.

Actions de :
N^os^
Actions de :
N^os^
Actions de :
N^os^

Obligations.

Obligations de :
N^os^
Obligations de
N^os^
Obligations de :
N^os^

Fonds étrangers. — Valeurs diverses.

Titres :
N^os^
Titres :
N^os^
Titres :
N^os^

Lettre de crédit du Comptoir national d'escompte.

Le Comptoir national d'escompte est un des grands établissements financiers au moyen duquel on peut mettre son argent ou ses valeurs à l'abri de tout accident. Voici comment .

Le Comptoir national d'escompte possédant de grands coffres-forts parfaitement construits et organisés pour le dépôt et la conservation à l'abri ou la sauvegarde de tout ce que l'on peut avoir de précieux et offrant de plus l'avantage d'avoir des succursales ou des agences non seulement en France, mais encore à l'étranger, on peut s'y faire ouvrir des *comptes de dépôt* Moyennant la somme minime de 5 ou 10 francs par mois, le Comptoir national d'escompte vous loue une des cases de ses grands coffre-forts pour la garde de vos valeurs, de votre or, de votre argent, de vos bijoux, de vos papiers, manuscrits, correspondance, etc., voire testament, en sorte qu'on peut s'absenter ou s'éloigner de son foyer sans nul souci, ni préoccupation quelconque. Les fonds restent à la disposition des déposants, tout en rapportant un intérêt de 1 1/2 p. 100.

En outre, le Comptoir national d'escompte de Paris peut vous délivrer des *lettres de crédit*, moyennant lesquelles on peut aller n'importe où, même faire le tour du monde sans jamais manquer d'argent; car, ayant partout les moyens d'en trouver au fur et à mesure de ses besoins, on ne risque pas d'en perdre en s'en encombrant. C'est ainsi qu'on peut voyager partout sans embarras: en Chine, aux Indes anglaises, en Australie, à San-Francisco, à Chicago, à Madagascar, à Tunis et dans nos colonies ou pays de protectorat.

Noms des personnes à faire prévenir en cas d'accidents.

M

à

M

à

M

à

Recommandations particulières du titulaire.

Noms et adresses des personnes en faveur desquelles l'officier a souscrit des délégations.

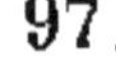

Adresses diverses.

Inventaire des objets que l'officier emporte.

1° SUR LUI.

EFFETS.	OBJETS DIVERS.
	BIJOUX.
	N° DE LA MONTRE :

2º DANS LA CAISSE A BAGAGES.

3º SUR SON CHEVAL.

SACOCHES.

DROITE.	GAUCHE.

BISSACS.

DROITE.	GAUCHE.

SUR LES SACOCHES.

SUR LE PROLONGEMENT MOBILE.

DANS LA CANTINE A VIVRES.

Matériel de cuisine.

PROVISIONS (courantes et de réserve).

NOTA. — On peut trouver presque partout du mouton, du bœuf, du poulet, des œufs, quelquefois du poisson. Ce qu'il faut emporter c'est surtout des conserves de légumes, des petits pois, des flageolets, des haricots verts, des asperges, etc. On peut aussi se premunir d'une provision des potages les plus variés : bouillon gras, potage printanier, soupe à l'oignon, soupe au fromage, soupe à l'oseille, pureo Crécy, etc., sans oublier les conserves de viande et de poisson, dont les boites munies d'un chauffoir sont si commodes. On peut ajouter à ces provisions quelques boites de confitures et comme vins de reserve, du bordeaux et quelques bouteilles de champagne pour les cas de fievre et les acces bilieux ou même dans les cas *algides* ou, comme nous en avons été maintes fois temoin en extrême Orient ou au Tonkin, le champagne produit une réaction salutaire qui a sauvé plus d'un Européen.

La tisane de champagne ou champagne frappé est une boisson excellente dans les pays intertropicaux ; mais il faut alors se procurer une machine à glace. Peu importe le système de cette ressource indispensable, pourvu qu'il soit simple, léger et peu volumineux.

CHAPITRE II

Eventualités spéciales de guerre.

Voyages, missions, reconnaissances, sorties, etc. Evasions à main armée, évacuations dans un blocus ou dans un siège, retraites méthodiques.

Il peut se présenter en campagne mainte circonstance où il faille savoir prendre un parti ou une résolution énergique plus ou moins risquee, aventureuse même, soit qu'il s'agisse de se soustraire à une capitulation qui vous ferait tomber aux mains de l'ennemi ou a toute autre éventualité de guerre, soit qu'on veuille dans un siège, un blocus, tenter une sortie désespérée pour se dégager des étreintes de l'adversaire, soit enfin qu'il s'agisse de déjouer les suites d'une capitulation que reprouve l'honneur des armes.

Voici, par exemple, une situation empruntée aux récits des événements de la dernière guerre franco-allemande (1870-1871) et dont on pourrait s'inspirer utilement.

Vers la mi-septembre 1870, lorsqu'on put prévoir l'issue fatale par laquelle devait se terminer l'investissement de l'armée de Metz, nombre d'officiers, et des mieux placés pour se rendre compte de la gravité de la situation, eurent à se préoccuper du cas où une partie de l'armée étant enveloppée, un général (tel que Bourbaki, par exemple, ou quelque autre chef entraînant) en cherchant à échapper, réussirait à traverser les lignes ennemies et à se soustraire à leurs atteintes; enfin celui où, étant avec une partie de ses troupes ou autrement, et ayant été fait prisonnier de guerre par surprise ou enfin ne voulant pas se résigner à un sort indigne de vaillants soldats, on parviendrait à s'échapper; il fallait avoir fait son plan d'avance.

Voici, en fait de bagages ou d'outillage personnels, celui auquel les officiers de l'état-major de la garde impériale s'arrêtèrent, sous les conseils et de concert avec le commandant Leperche (renseignements recueillis de la bouche même de l'ancien aide de camp du général commandant de la garde impériale, alors qu'il était colonel du 89e).

Objets à emporter. — Vivres et munitions dans les fontes; caban et caoutchouc, avec ceinture de laine roulés sur les fontes; carte du pays à traverser, dans la poche (cette carte mentionne les points occupés par l'ennemi); revolver dans son étui à la ceinture...; porte-manteau, sacoches avec vivres, avoine, musette maintenues par la selle; licol avec deux longes solides (à la tête du cheval); houzeaux (1); les meilleurs effets (pantalon (1), tunique, bottes et *tout l'argent*) (avec soin de se procurer à l'avance de la monnaie d'argent et des pièces en or de 5 et 10 francs); ne pas emporter de pièces de 20 francs pour ne pas se trouver dans l'obligation de les changer; un calepin ayant toutes ses feuilles blanches; un croquis et quelques notes pouvant être consultés utilement pendant la route.

---

(1) Il est bon de rappeler qu'à cette époque l'ordonnance, pour la tenue à cheval des officiers de toutes armes, ne comportait pas la botte, ni autre chaussure équivalente portée par-dessus le pantalon.

Nous ajouterons à ces objets :

Un sifflet (engaîné sur la banderole de l'étui-revolver).

Une jumelle de campagne, retenue dans une des poches supérieurs de côté par un cordon attenant à la boutonnière de cette poche.

Une lanterne sourde pouvant s'adapter sous un étrier ou sur l'avant de la selle (1).

Une boussole-montre-bracelet.

Demi-ferrure de rechange (2).

Loupe (3).

En sorte qu'un « équipage de sortie » pour un officier pourvu d'une monture, devrait avoir actuellement la composition suivante :

Equipage de sortie.

Une selle complète avec couverte pliée sous la selle.

Vivres et munitions dans les sacoches de devant.

Un manteau et collet-capuchon en caoutchouc roulés sur les sacoches.

Une carte du pays à traverser dans la poche supérieure gauche de la tunique, autant que possible recouverte d'une enveloppe transparente en cas de mauvais temps; ou bien dans une *poche à cartes* ou espèce de petite *sabretache* qu'on peut au besoin attacher, par son passant de semelle en cuir, à la courroie de la sacoche droite, laquelle maintient le manteau roulé.

Un revolver dans son étui, porté aves ses cartouches de la façon dont il l'est aujourd'hui.

---

(1) Dans la sacoche qui porte la demi-ferrure.
(2) Dans une poche à fers agencée dans la sacoche.
(3) Dans une poche du gilet.

Un sabre suspendu à la selle au moyen d'un porte-sabre et pouvant être porté à pied à la bélière munie d'un porte-mousqueton. (Dans le cas où l'on aurait besoin à tout instant de mettre pied à terre avec son sabre, on pourrait l'attacher en bandouilère, la poignée en haut.)

Deux bissacs renformant, celui de gauche : musette-mangeoire et son contenu (6 litres d'avoine bien vannée); celui de droite : effets, c'est-à-dire, chemise, caleçon et ceinture de flanelle; leggins, pantoufles ou chaussons à semelles en cuir.

Un sur le prolongement mobile de la selle ou après le troussequin (si l'on a un arçon à troussequin ras comme le sont ceux des selles des officiers d'infanterie, de la grosse cavalerie, de la cavalerie de ligne, de l'artillerie ou du train des équipages militaires) (1).

Le portemanteau, dont nous avons déjà donné la description et pouvant contenir, si l'on a suffisamment le temps de préparer sa sortie : Un petit miroir circulaire plat, une boîte à savon et à éponge, de même diamètre en fer-blanc ou bien en aluminium : une brosse à cheveux ovale de petit diamètre (2); une chemise de toile servant de chemise de nuit; un caleçon de rechange en flanelle ou en tricot; deux paires de chaussettes de fil de chanvre; une paire d'espadrilles ou de babouches; une paire de semelles fourrées (si l'on est en hiver): une paire de gants d'ordonnance fourrés; une trousse de racommodage; deux, mouchoirs, de préférence de couleur (le blanc peut quelquefois trahir de loin la présence de quelqu'un); deux calottes de coton, dont une pouvant servir de ramasse-tout, et qui, en cas

---

(1) L'arçon de la cavalerie légère a un troussequin à palette.

(2) L'officier en campagne est généralement supposé tondu.

d'alerte, s'emporterait dans un des bissacs. une serviette (ces trois derniers objets dans la pattelette) : une paire de manches en lustrine ou en soie grège de couleur foncée, pouvant s'adapter au gilet.

Si l'on n'a qu'un temps très limité ou qu'il y ait urgence, le portemanteau pourrait ne contenir que les objets ci-après :

Une serviette; une boîte à savon; une paire d'espadrilles ou de babouches; une paire de leggins; une culotte de forte toile de la couleur d'ordonnance (1) : un bonnet de coton ou de bivouac.

Nota. — Dans la sacoche à effets divisee ou compartimentée en deux poches (2), on peut menager une place pour y mettre des tiges molletieres et une paire de brodequins ainsi qu'une paire d'éperons pouvant se visser apres les talons. Un cure-pieds et une fiole de térebenthine sont choses utiles a avoir. Ce second objet peut être mis commodement, à portée de la main, dans une gaine en cuir fort pratiquée dans un évidement ou pli creux que forme le plus souvent l'une ou l'autre des sacoches de devant. (Voir dans la *Tactique de demain*, page 250, du commandant Coumes, le parti qu'un cavalier peut tirer de l'emploi de la térebenthine appliquee à sa monture.) Sous le couvercle de l'etui revolver, en même temps qu'une lame de tournevis pouvant servir au démontage et remontage du revolver, on peut aménager l'arrimage ou le placement d'un emporte-piece ainsi que de quelques gros clous assez longs (3).

---

(1) Pour le cas où l'on aurait accidentellement besoin de faire réparer celle qu'on met habituellement.

(2) D'apres la description du harnachement des chevaux des officiers des corps d'infanterie (décision ministérielle du 3 mai 1870, art. 38). « Les sacoches dites de campagne peuvent être divisees à l'interieur en plusieurs poches. »

(3) Il est souvent tres utile de pouvoir prevenir par une séparation suffisante des accidents entre chevaux qu'on est obligé de mettre côte a côte dans des hangars et, en général, sous des abris ou locaux quelconques, improvisés écuries et où il ne se trouve pas aménagé des stalles, box, etc. On se contente alors d'appuyer une piece de bois, poutre ou équi-

Pour les officiers qui n'ont pas à leur disposition la ressource d'une monture, nous leur conseillerons, en fait d'équipement, de se pourvoir d'une sacoche genre ou système Dubois, et, en outre, pour ceux qui ne savent pas nager et qui pourraient se trouver dans la nécessité de franchir un cours d'eau, afin d'interposer un obstacle entre eux et la poursuite de l'ennemi, ou de gagner du terrain, la précaution qui consiste à se pourvoir d'une ceinture (ou tel autre moyen) de sauvetage.

Quant à ceux des officiers dont le service comporte en général l'emploi d'une monture, ils ne devront pas négliger, et surtout, pour traverser des régions qui auraient pu être ruinées ou ravagées par la guerre, et où, par suite, il pourrait être très difficile de trouver de l'avoine, de s'en procurer au moins une petite quantité de réserve, soit au départ, soit en route, sur les points de ravitaillement possible qu'on leur signalerait. Si, alors, l'on se voyait dans la nécessité de vider le bissac de droite pour y mettre un jour d'avoine de plus, soit six litres. ce qui, avec le contenu de la musette-mangeoire (également de six litres) représenterait 6 kilos, on mettrait, dans un rouleau (formé avec la pèlerine en caoutchouc et attaché avec les petites courroies passant par les bouclettes en cuir du portemanteau) les objets de flanelle et les pantoufles ou babouches formant le contenu du bissac de droite.

On ne laisserait, sur les sacoches de devant, que la capote-manteau en drap (1).

L'étui porte-avoine et la musette-mangeoire seraient casés dans l'une des poches du bissac. On regarnirait les bissacs en route au fur et à mesure de leur épuisement et dès qu'il serait possible de se ravitailler.

On pourrait faire ainsi une douzaine de lieues par jour pendant une période de cinq jours consécutivement, soit 60 lieues ou 240 kilomètres (la distance de Paris à Tours) et se mettre conséquemment bientôt hors d'atteinte.

---

valent contre l'échelle ou les barreaux servant de râtelier. Dans ce cas un gros clou enfoncé vers le haut de la pièce de bois pourra suffire à faire arrêtoire. D'autres clous ne seront pas inutiles pour suspendre brides, courroies ou autres objets de sellerie.

(1) Bien entendu, il ne saurait être ici question que de la capote du modèle de la troupe dont font usage les officiers d'infanterie en campagne. Ils ne doivent emporter que le collet à capuchon en drap bleu foncé ou en caoutchouc.

CHAPITRE III

Exercices préparatoires de mobilisation personnelle.

Grandes manœuvres.

Pour un véritable officier de guerre, le temps de paix n'est en définitive qu'une préparation constante à l'état de guerre, et il doit profiter de toutes les occasions susceptibles de le familiariser avec les pratiques qui le rapprochent le plus de celles auxquelles il faudra être rompu à un moment donné. C'est un principe que nous avons toujours observé, et, le jour venu de l'application complète de toutes les théories apprises à loisir pendant les longues années du temps de paix, nous nous en sommes fort bien trouvé. Cela nous a permis d'être dégagé de tout souci de détails personnels, autrement très encombrants, pour être mieux à même de nous consacrer tout entier au soin des unités dont le commandement nous était confié.

C'est ainsi que, en tout temps, nous avons considéré, pour l'officier, par exemple, les grandes manœuvres ou même simplement les manœuvres de garnison, comme de véritables exercices préparatoires de mobilisation personnelle, au point de vue de l'outillage matériel comme des autres conditions professionnelles.

Effets et objets à emporter aux grandes manœuvres pour une durée d'au moins quinze jours.

1° *Dans la caisse à bagages.*

A) Lingerie.

1° Trois chemises de flanelle;
2° Une chemise de nuit en toile;
3° Un bonnet de coton;
4° Six mouchoirs de poche;
5° Deux caleçons de coton;
6° Quatre paires de chaussettes;
7° Trois paires de manchettes en toile ou une en toile et deux en celluloïde;
8° Un gilet de chasse en drap ou en toile (1) avec des poches de côté;
9° Deux faux cols lisérés en celluloïde;
10° Une boîte-cassette pour décorations et rubans d'ordres de rechange.

B) Habillement.

1° Une tunique n° 2;
2° Deux serviettes;
3° Une culotte en drap d'ordonnance;
4° Une paire de leggins;
5° Un képi n° 1;
6° Un pantalon d'ordonnance.

---

(1) Le gilet sera en drap ou en toile suivant la saison.

C) Chaussures.

Pour officier monté.

1° Une paire de bottines éperonnées (à boîte, ou vissées);
2° Une paire de grandes bottes de cheval;
3° Une paire d'éperons à la chevalière.

Pour officier non monté.

1° Une paire de souliers de route avec tiges molletières;
2° Une paire de bottines pour pantalons d'ordonnance;
3° Une paire de pantoufles.

Trousse nécessaire de toilette.

Un cuir, un rasoir;
Un blaireau, une boîte à savon;
Une boîte de poudre de riz (pour éteindre le feu du rasoir);
Un vinaigre de toilette;
Une brosse à cheveux;
Un démêloir;
Une brosse à dents, un gobelet;
Une brosse à habits;
Une petite boîte à p·in à repasser et à savon pour celluloïde;
Un petit miroir;
Un bougeoir pneumatique avec bougie;
Une paire de petits ciseaux;
Une boîte contenant deux paires de gants chamois;
Deux paires de gants chien blanc ou castor blanc;
Une trousse} récipient de toilette.

Livres à emporter.

1° Service intérieur;
2° Service des places;
3° Service en campagne;
4° Manuel de guerre;
5° La tactique de demain;
6° Aide-mémoire d'état-major;
7° Memento de l'officier d'infanterie (ou de l'arme) en campagne;
8° Règlement de manœuvres (1);
9° Instructions diverses, afférentes aux manœuvres (dans un cartable).

Papeterie.

1° Un portefeuille ou serviette bureau;
2° Une main de papier écolier, 20 sur 31, papier et enveloppes à lettre, timbres poste;
3° Encrier;
4° Mètre de tailleur;
5° Gomme double et boîte de plumes;
6° Porteplume-crayon;
7° Canif et crayon d'aniline;
8° Crayons de couleur;
9° Imprimés et enveloppes du format réglementaire;
10° Cire à cacheter et cachet;
11° Grattoir;
12° Réglette coupe-papier et double-décimètre.

---

(1) On peut, pour réduire le nombre des livres à emporter, faire relier en un seul volume les principales parties des différents titres du règlement de manœuvres.

2° Effets sur l'officier

Une chemise de flanelle;
Un caleçon tricot mince et solide;
Une tunique n° 2;
Une culotte de drap d'ordonnance (pour officier monté (1) ou non monté);
Une paire de bottines avec éperons vissés ou à boîte (pour officier monté);
Une paire de houzeaux ou de tiges molletières.
Une ceinture de laine ou autre tenant les reins;
Un képi n° 2;
Un gilet de chasse;
Une paire de gants *de conduite* à manchette;
Deux mouchoirs de poche;
Un porte-monnaie.

3° Armement et équipement

Un sabre avec dragonne en cuir;
Un revolver;
Une jumelle de campagne;
Un sifflet;
Un ceinturon avec bélière à porte-mousqueton;
Un étui revolver avec sa banderole et sa ceinture;
Une poche à cartes ou une petite sabretache pour contenir :
Un portefeuille;
Deux porte-cartes de visite;
Une enveloppe en corne;
Un memento d'infanterie;
Un crayon rouge et bleu;

---

(1) Les officiers montés *ou non montés* et les adjudants sont autorisés à faire usage, *avec la culotte*, en dehors du service et dans tout service à pied où le pantalon d'ordonnance peut être porté, de jambières en drap simulant le bas du pantalon. (Décision ministérielle du 17 janvier 1893.)

Dans les poches du gilet :

Une montre militaire;
Une loupe;
Une boîte de tisons et un briquet;
Un couteau;

Sur le cheval (pour officier monté) :

1° Une lanterne de poche;
2° Selle et brides complètes avec longe-poitrail et porte-sabre;
3° Un tapis d'ordonnance;
4° Un tapis de cuir;
5° Deux sacoches avec un cure-pieds y engainé et poche à fers contenant une demi-ferrure;
6° Deux bissacs avec emporte pièce; cartable en cuir pour bureau ou pochette à écrire;
7° Un portemanteau ou étui-rouleau attaché soit sur le prolongement mobile, s'il y en a un, soit sur le troussequin et contenant : 1° Une serviette; 2° un rechange de linge; 3° objets de toilette; 4° vieilles leggins et semelles ou chaussons fourrés; 5° bonnet de bivouac; 6° chemise de nuit; 7° une paire de chaussettes ou de bas de laine.
8° Un sablier imperméable (bissac de droite);
9° Une paire de babouches (dans un des bissacs, avec tire-bottes);
10° Un étui porte avoine;
11° Une capote manteau et collet capuchon (en drap ou en caoutchouc roulés sur le devant de la selle);
12° Une musette-mangeoire (bissac de gauche);
13° Un ramasse-tout, vide-poche.

Nous avons déjà vu qu'aux officiers subalternes, il est alloué une seule caisse à bagages dont les dimensions sont de 0m,650 sur 0m,380 et 0m,220; le poids maximum de la caisse vide est de 7 k. 800 Les capitaines ont droit à 9 kilos de supplément,

Pour les officiers supérieurs, le nombre des caisses à bagages allouées est le suivant :

Colonel ou lieutenant-colonel, 3;
Chef de bataillon, 2;
Officiers subalternes, 1.

En sorte qu'à partir du grade supérieur, on peut réserver une de ces caisses à bagages pour une partie des effets de l'ordonnance, dont on peut le débarrasser, en échange de certains autres qu'il peut, le cas échéant, et plus commodément, ou porter, ou arrimer sur son sac.

On peut alors, par exemple, diviser une de ces caisses à bagages par une planchette perpendiculaire glissant entre deux rainures, en deux compartiments, l'un pour les effets de l'homme, l'autre pour les effets de pansage et de propreté et autres (d'écurie) des chevaux, ainsi que pour la pharmacie vétérinaire. On peut, pour fixer les idées, mettre dans l'une des caisses à bagages :

A gauche :

Licols d'écurie et d'abreuvoir;
Bride ou bridon du 2e cheval:
Entraves ou piquets;
Couvertes, dont une en coutil, contre les mouches;
Musette de pansage;
Surfaix d'écurie;
Trousse vétérinaire.

A droite :

Un bourgeron;
Un pantalon de treillis;
Une calotte;
Une paire de souliers;
Une bâchette imperméable pouvant être arrimée sur le couvercle de la caisse.

CHAPITRE IV

Quelques conseils généraux s'appliquant aussi bien à une installation de campagne qu'à un séjour dans un camp d'instruction.

On peut, en général, comparer exactement l'installation d'un officier en pays exotique à celle qui lui est le plus souvent affectée en temps ordinaire, par exemple dans un camp d'instruction. En effet, à la différence du terroir et des climats ainsi que des matériaux employés à la construction, surtout quand il s'agit de locaux amenagés en vue d'un service militaire, le logement d'un officier, quelque soit d'ailleurs, le nom habituel qu'on lui donne suivant le pays (baraque en plancher ou en maçonnerie en Europe; *gourbi* en pisé ou en ciment en Algérie; *cagna* en extrême Orient; case ou *hacienda* en Amérique; maison baraquée dans la plupart des colonies, notamment de l'Afrique occidentale, comme par exemple au Soudan, au Bénin, au Congo, etc.), présente presque partout et toujours le même type, ou équivalent, de dispositif général.

D'abord et très souvent, une unique pièce: chambre à coucher et bureau à la fois, servant en un mot à tout usage; dans la plupart des pays intertropicaux règne autour du rez-de-chaussée une *vérandah* qui peut servir aussi de vestibule et de salle à manger.

Le sol de la salle, suivant les pays et climats,

est le plus souvent ou simplement en terre battue que l'on recouvre de nattes de paille, ou en brique, ou en plancher, ou bien il est bétonné avec de la brique concassée, c'est-à-dire dur et raboteux. Les mœllons des murs sont passés au lait de chaux. Dimensions le plus ordinairement : environ quatre mètres sur cinq. Une table massive en bois blanc qui sert de bureau, un casier sur lequel s'empilent les cartes ou les livres, une chaise, voilà le mobilier normal. Un lit de camp, la table, le pliant de campement. les caisses à bagages complètent cette installation : harnachement, armes et vêtements pendent à des fiches en bois plantées dans les joints de la muraille ; quelquefois on suspend ces fiches elles-mêmes au moyen de cordes. Quand la case ou la baraque est suffisamment spacieuse, pour pouvoir y former, même artificiellement, au moyen d'une séparation quelconque en planches ou en maçonnerie, une chambre à coucher, on organise dans celle-ci un bon petit lit de campagne garni d'une moustiquaire. En hiver, dans certains climats, la tente-marquise peut constituer elle-même dans un coin, soit un petit réduit, soit une manière d'alcôve. Un coin de la pièce constitue, au moyen d'une table en X ou d'une caisse à biscuits placée sur un de ses petits côtés et dont les rayons, cloués à l'intérieur, serviront à mettre les objets de toilette les plus indispensables, un véritable cabinet de toilette. Dans la partie de la pièce où la toiture est la plus élevée, on aménage une salle à manger avec des tables en bois ou, à défaut, des couvercles de cantines-popottes, tels que nous les avons décrits précédemment et au-dessus de ces tables on suspend un « panca ». Des peaux de chèvres peuvent être employées comme descentes de lit ou comme tapisserie murale contre l'humidité ou la fraîcheur des nuits. A défaut de peaux de chèvre, on peut tendre, à la rigueur, un djelel africain ou un manteau en poil de chameau (1). Enfin, avec deux planches formant l'arête d'un angle dièdre et supportées par quatre pieds, on construit un chevalet pour son harnachement.

En général, les deux portes ouvrant sur les petits côtés doivent être opposées de façon à faciliter l'établissement des courants d'air destinés à la purification de la maison « mais ce balayage aérien ne devra être provoqué que pendant de courts instants, le matin par exemple, et évité avec le plus grand soin, le jour à cause de l'échauffement de la maison, la nuit à cause de son trop grand rafraîchissement, de l'humidité infectieuse des nuits et de l'entrée des insectes ailés (2) ».

Quel que soit son mode de construction, dans les pays intertropicaux, l'habitation devra être fermée la nuit, car c'est le moment où les vapeurs atmosphériques, quelquefois chargées d'infectieux, se précipitent sur le sol. Dans tous les cas, c'est peut-être le cas de recourir à l'emploi de certains désinfectants. On peut préconiser, par exemple, le *Sanitor* (68, boulevard Saint-Marcel). C'est un désinfectant liquide sans odeur, antiseptique, antiputride et antiépidémique. En France, on l'emploie pour la désinfection courante des pierres à évier, des cabinets et fosses d'aisances, des boîtes à ordures, de tous les foyers corrompus, au moyen de lavages dans des proportions déterminées. On s'en sert pour

---

(1) Un très bon vêtement pour habiter certains hauts plateaux du continent africain, consiste en un manteau de la forme du modèle d'ordonnance mais tissé en poil de chameau de couleur noire ou très sombre.

(2) *Hygiène des Européens dans les pays intertropicaux*, par le docteur Maurice Nielly, professeur à l'école de médecine navale de Brest Paris, Adrien Delahaye et Emile Lecrosnier, éditeurs, 1884.

purifier, au moyen de fumigations, l'air vicié dans les locaux de toutes espèces. Il sert aussi à la toilette des animaux qu'il débarrasse des insectes parasites et qu'il préserve de la plupart des maladies.

Après l'hygiène de l'habitation, on doit surtout tenir compte de celle de l'habillement en même temps que de sa commodité et de son appropriation à la vie de campagne. Et d'abord, de toutes les couleurs, la couleur blanche est la plus favorable parce que c'est celle qui laisse le moins passer de calorique. Lorsqu'il fait chaud, la chaleur du soleil ne traverse pas l'étoffe blanche et le corps est préservé. Lorsqu'il fait froid, au contraire, la chaleur animale ne s'évapore pas et on se ressent beaucoup moins de la rigueur de la température que si on portait un vêtement noir ou très foncé. Dans les pays intertropicaux, il faut donc de préférence des effets blancs. En général, les effets coloniaux sont faits en une étoffe blanche, légère, coutil ou toile de coton. Il faut que cette étoffe soit irrétrécissable, car, devant être fréquemment lavée et devant sécher très rapidement sous l'action d'un soleil torride, la toile diminuerait très vite si elle était de mauvaise qualité et le costume serait perdu.

La meilleure coiffure, c'est le casque léger de liège ou d'aloès. Quant à la chaussure, il faut, dans les pays chauds, des chaussures en cuir de chevalon de buffle, disposées de manière à permettre le gonflement du pied, bottines à bouts carrés et à semelles plutôt débordantes, pouvant être délacées, et à larges quartiers.

En fait de régime alimentaire, nous conseillerons à nos camarades de combattre l'abus de la sieste, d'être sobres d'aliments solides et, autant qu'on le pourra, non seulement d'être sobres de boissons, de s'interdire absolument l'alcool, mais encore de s'entraîner dès le séjour en Europe, à ne boire qu'apres les repas et par toutes petites gorgées.

Ne pas abuser de certains fruits exotiques, notamment de l'ananas, de la noix de coco, de l'orange, du citron, du chadeck, du tamarin, de l'arachide, du melon, de la pasteque, de la sapotille. Quant aux fruits qui sont suffisamment sains pour être le moins à craindre, on pourra se borner de préférence à la banane. à la goyave, à la datte, à la mangue et à la pomme cythère.

En bonne hygiène, ne pas se créer des digestions laborieuses; manger plutôt un peu plus souvent et moins à la fois. Trois repas généralement par jour : un repas léger de café noir le matin vers sept heures; au déjeuner et au dîner éviter l'usage immodéré des condiments. Ces repas peuvent, d'ailleurs, avoir lieu aux mêmes heures qu'en France.

Précautions à prendre pour les embarquements en mer.

Dans toutes les expéditions hors d'Europe, il y a lieu généralement de faire en mer une traversée plus ou moins longue et c'est alors le cas d'être outillés en conséquence. Tous les embarquements à destination des colonies se font ordinairement à Marseille, et c'est au fort Saint-Nicolas, situé près du port, que longe un tramway qui y conduit à toute heure, que les officiers de tous grades doivent se présenter pour y faire établir leurs *états de filiation*. Là, on leur donne connaissance du bateau qui doit les transporter et des heures d'embarquement. S'ils emmènent avec eux des chevaux, ils reçoivent avis de l'heure où ces animaux devront être rendus sur les quais d'embarquement, prêts à être mis dans les chalands, c'est-à-dire, déferrés. Il est bon que ces animaux soient accompagnés de leurs ordonnances ou des hommes qui ont l'habitude de les soigner.

Avoir soin de se munir d'étiquettes imprimées ou très lisiblement écrites, destinées à être collées, à l'avance, sur les différents colis. Sur les étiquettes des colis qu'on ne gardera pas dans sa cabine, mais qu'on voudra faire monter sur le pont. de temps en temps, afin de pouvoir mieux prendre un objet dont on pourrait avoir besoin et aussi pour s'assurer de l'état de conservation de ses effets, on écrira en assez gros caractères le mot : Prévoyance. Autrement, il est difficile, au cours d'une traversée, de pouvoir être sûr d'avoir tous ses autres bagages, non désignés par la susdite étiquette, à sa disposition. Pour ceux-là il ne faut guère compter pouvoir les retrouver au milieu des énormes chargements du bateau, qu'au moment du débarquement. De ce nombre pourront être les bagages qui ne sont pas d'un besoin permanent, tels que les *cantines-popotes, caisses de harnachement*, lesquelles pourront être blindées ou tapissées, intérieurement d'une feuille de tôle. Les objets ou effets contenus y seront ainsi mieux préservés et plus à l'abri des entreprises des rongeurs qui souvent pullulent dans les flancs d'un navire (1).

(1) Il faut songer, à bord comme à terre, à l'entretien des effets de laine, tels que couvertures de laine et matelassures de sellerie. Dans ce but on peut employer la naphtaline seule, ou bien associée au camphre. Il est préférable d'employer la naphtaline pure livrée par le commerce sous forme de tablettes (naphtaline en pain) qu'on placera directement au milieu des effets à conserver. On peut se servir d'un mélange de naphtaline et de camphre dans la proportion de une partie de camphre finement concassé et de trois parties de naphtaline sublimée. Le mélange peut se faire approximativement à la main au fur et à mesure des besoins. il est réparti dans de petits sachets qu'on place dans les effets à conserver. La naphtaline pure est d'un prix peu élevé : 0 fr. 50 à 0 fr. 70 le kilogramme.

Au reste, pour toute demande intéressant les passagers militaires, quel que soit leur grade, c'est au commandant du navire qu'il faut s'adresser par l'intermédiaire de son second, lequel, par rapport aux troupes passagères, remplit à bord des transports de guerre ou des navires afrétés par l'Etat, le rôle de « major de la garnison ».

Tenue coloniale.

Nous donnons ici comme type de la tenue coloniale des officiers, la description sommaire de celle qui a été adoptée pour les officiers d'infanterie du corps expéditionnaire de Madagascar.

Il n'y a pas de grande tenue. Quant à la tenue de campagne, voici sa description :

1° VAREUSE. — Confectionnée en flanelle anglaise (bleu de roi) est du modèle déterminé par la décision ministérielle du 22 mai 1891 (*Bulletin officiel*, partie réglementaire, page 685). Elle se ferme sur la poitrine par une seule rangée de sept gros boutons d'uniforme du modèle en usage pour la tunique. Le collet droit en étoffe du fond (hauteur 25mm) reçoit le numéro du régiment ou les insignes des services tels qu'ils sont déterminés pour les vêtements de petite tenue réglementaire en France ou en Algérie, sauf les modifications ci-après :

Pour la légion étrangère. — Grenade brodée en canetille et paillette d'or (longueur 55mm) sur une patte de drap garance taillée en accolade.

Pour les tirailleurs algériens. — Patte en drap bleu de ciel, sans numéro du corps taillée en accolade.

Manches. — Les officiers et assimilés auxquels les règlements en vigueur accordent des galons comme insignes du grade, porteront des galons de grade plats d'or ou d'argent en trait côtelé de

6mm appliqués sur une monture circulaire en drap, mobile ou non. Le premier galon devra être placé à 70mm du bord inférieur de la manche et les autres séparés par un intervalle de 3mm.

Brides d'épaulettes. — Les brides d'épaulettes ou attentes de 90mm de longueur sont en galon d'or ou d'argent dit « trait côtelé » de 10mm de largeur; la doublure est en étoffe du fond de la vareuse. Les officiers et assimilés sont autorisés à porter un col blanc avec une cravate en soie noire au lieu du col blanc fixé à la doublure du collet;

2° Veste en toile cachou. — De même forme que la vareuse en flanelle avec boutons d'uniforme, galons, insignes de manches, attentes mobiles, disposées comme il est dit plus haut pour cette dernière vareuse; le col ne reçoit pas de numéros ou d'attributs;

3° Pantalon en flanelle bleu foncé. — Semblable comme forme et dimensions au pantalon d'ordonnance en drap, avec passepoil jonquille pour les chasseurs à pied et tirailleurs algériens, passepoil écarlate pour les autres armes ou services. Les officiers montés conservent la faculté de porter la culotte d'ordonnance de leur arme ou service;

4° Pantalon en toile cachou. — Semblable comme forme et dimensions au pantalon en flanelle;

5° Casque colonial. — En liège recouvert de coutil croisé écru, du modèle adopté pour les troupes de la marine. Au-dessus du bourdalou et sur le devant du casque est fixé l'attribut distinctif de l'arme ou du service, du modèle adopté pour le shako ou le képi rigide (grenade pour les officiers de la légion étrangère, croissant surmonté d'une étoile pour ceux des tirailleurs algériens).

A l'intérieur du casque, sont fixées deux agrafes pour recevoir la mentonnière en cuir fauve. Le casque est recouvert, en cas de besoin, d'une coiffe en satinette cachou, fixée sur le derriere du casque par des cordons d'attache.

6° BONNET DE POLICE. — En drap bleu de roi, avec passepoil de la couleur déterminée pour le pantalon du modèle indiqué par la décision ministérielle du 22 juillet 1891 (*Bulletin officiel*, partie réglementaire, page 45).

Les galons de grade pour les officiers et assimilés sont en tresse plate d'or ou d'argent de 3mm de largeur. Les tresses plates et les broderies sont placées en forme de chevrons sur le devant du bonnet de police; les tresses plates sont espacées entre elles de 3mm.

7° BOTTES OU BRODEQUINS. — Avec jambières en cuir ciré ou verni du modèle indiqué par la décision ministérielle du 16 mars 1887 (*Bulletin officiel*, partie réglementaire, page 411).

Les officiers du service de l'état-major portent le brassard d'état-major (division et brigade) et les aiguillettes (exceptionnellement) des modèles en usage; ces insignes spéciaux sont fixés sur la vareuse comme sur les autres effets.

Renseignements d'utilité constante en campagne (1).

1 Tarifs de solde sur le pied de guerre;
2° Indemnités d'entrée en campagne;
3° Indemnités pour pertes d'effets, de chevaux;
4° Taux des rations de vivres (pied de guerre);

---

(1) Pour l'indication desquels, il est laissé en blanc, ci-après, un certain nombre de feuillets.

5° Taux des rations de fourrages (pied de guerre);

6° Monnaies, poids et mesures à l'étranger;

7° Formule du maréchal Bugeaud concernant la prévision du temps.

TABLE DES MATIÈRES

Pages.

Ire PARTIE

TITRE Ier

PRÉCAUTIONS A PRENDRE EN VUE D'UNE CAMPAGNE, PRINCIPALEMENT EN EUROPE

CHAPITRE PREMIER

CHAPITRE II

CHAPITRE III

CHAPITRE IV

TITRE II

CHAPITRE Ier

CHAPITRE II

IIe PARTIE

TITRE Ier

CAMPAGNE HORS D'EUROPE

CHAPITRE Ier

CHAPITRE II

TITRE II

CHAPITRE Ier

CHAPITRE II

CHAPITRE III

CHAPITRE IV

Paris et Limoges. — Imp. milit. H. Charles-Lavauzelle.

www.ingramcontent.com/pod-product-compliance
Ingram Content Group UK Ltd.
Pitfield, Milton Keynes, MK11 3LW, UK
UKHW012044240726
13965UKWH00003B/1043